中国大百科全书》普及版

XUNTIANYAOKANYIQIANHE WUYINDEYUZHOU

巡天遥看一千河

无垠的宇宙 【天文学卷】

中国大百科全书出版社

图书在版编目（CIP）数据

巡天遥看一千河：无垠的宇宙／《中国大百科全书：普及版》编委会编.—北京：中国大百科全书出版社，2013.8

（中国大百科全书：普及版）

ISBN 978-7-5000-9215-5

I.①巡… II.①中… III.①宇宙学－普及读物 IV.①P159-49

中国版本图书馆CIP数据核字（2013）第180494号

总 策 划：刘晓东　陈义望
策划编辑：裴菲菲
责任编辑：裴菲菲　石　玉
装帧设计：童行侃
出版发行：中国大百科全书出版社
地　　址：北京阜成门北大街17号　　邮编：100037
网　　址：http：∥www.ecph.com.cn　　Tel：010-88390718
图文制作：北京华艺创世印刷设计有限公司
印　　刷：天津泰宇印务有限公司
字　　数：82千字
印　　张：7.75
开　　本：720×1020　　1/16
版　　次：2013年10月第1版
印　　次：2018年12月第4次印刷
书　　号：ISBN 978-7-5000-9215-5
定　　价：28.00元

前言

　　《中国大百科全书》是国家重点文化工程，是代表国家最高科学文化水平的权威工具书。全书的编纂工作一直得到党中央国务院的高度重视和支持，先后有三万多名各学科各领域最具代表性的科学家、专家学者参与其中。1993年按学科分卷出版完成了第一版，结束了中国没有百科全书的历史；2009年按条目汉语拼音顺序出版第二版，是中国第一部在编排方式上符合国际惯例的大型现代综合性百科全书。

　　《中国大百科全书》承担着弘扬中华文化、普及科学文化知识的重任。在人们的固有观念里，百科全书是一种用于查检知识和事实资料的工具书，但作为汲取知识的途径，百科全书的阅读功能却被大多数人所忽略。为了充分发挥《中国大百科全书》的功能，尤其是普及科学文化知识的功能，中国大百科全书出版社以系列丛书的方式推出了面向大众的《中国大百科全书》普及版。

　　《中国大百科全书》普及版为实现大众化和普及化的目标，在学科内容上，选取与大众学习、工作、生活密切相关的学科或知识领域，如文学、历史、艺术、科技等；在条目的选取上，侧重于学科或知识领域的基础性、实用性条目；在编纂方法上，为增加可读性，以章节形式整编条目内容，对过专、过深的内容进行删减、改编；在装帧形式上，在保持百科全书基本风格的基础上，封面和版式设计更加注重大众的阅读习惯。因此，普及版在充分体现知识性、准确性、权威性的前提下，增加了可读性，使其兼具工具书查检功能和大众读物的阅读功能，读者可以尽享阅读带来的愉悦。

百科全书被誉为"没有围墙的大学"，是覆盖人类社会各学科或知识领域的知识海洋。有人曾说过："多则价谦，万物皆然，唯独知识例外。知识越丰富，则价值就越昂贵。"而知识重在积累，古语有云："不积跬步，无以至千里；不积小流，无以成江海。"希望通过《中国大百科全书》普及版的出版，让百科全书走进千家万户，切实实现普及科学文化知识，提高民族素质的社会功能。

2013 年 6 月

目 录

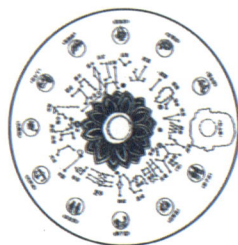

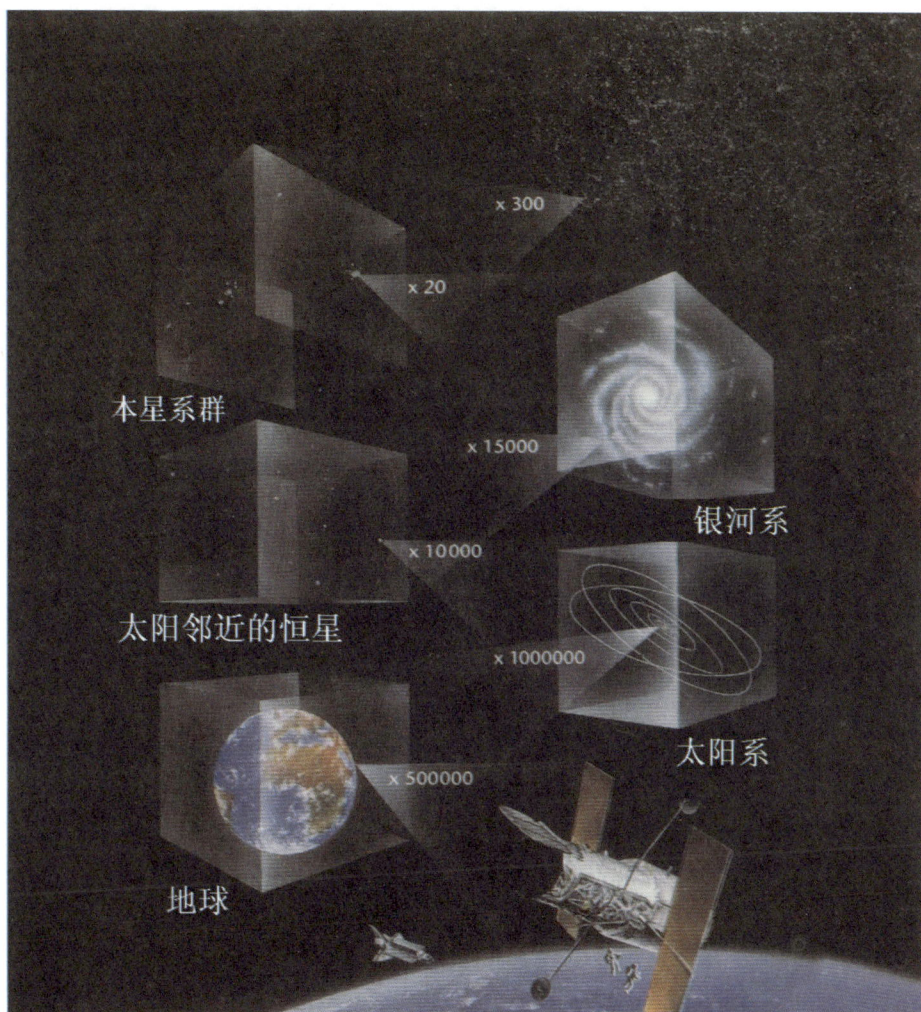

宇宙的层次结构
（图中数据为相邻层次大小的比例）

　　翻开人类文明史的第一页，天文占有显著的地位。巴比伦的泥碑、埃及的金字塔，都是历史的见证。在中国，殷商时代留下的甲骨文物里，有丰富的天文记录，表明在黄河流域，天文学的起源可以追溯到殷商以前更为古远的世代。宇宙是空间、时间和其中存在的各种形态物质和能量的总称。宇宙是处于不断地运动和发展中的物质世界。宇宙是多样而又统一的。它的多样性在于物质的表现形态；统一性在于其物质性。《淮南子·原道训》注："四方上下曰宇，古往今来曰宙，以喻天地。"宇宙一般当作天地万物的总称。人类对宇宙的认识，从太阳系到银河系，再扩展到河外星系、星系团乃至超星系团。借助各种功能越来越强大的地面和空间望远镜，观测的范围已达到 100 多亿光年的宇宙深处。一般把观测到的宇宙称为"我们的宇宙"。所有天体，乃至我们的宇宙都有它的起源、发展和衰亡的历史，但宇宙总体的发展以及人类对宇宙的认识则是无穷无尽的！

几千年来，人们主要是通过接收天体投来的辐射，发现它们的存在，测量它们的位置，研究它们的结构，探索它们的运动和演化的规律，一步步地扩展人类对广阔宇宙空间中物质世界的认识。

第一章 太阳系大家庭

［一、万物生长的力量——太阳］

1. 太阳

太阳系的中心天体。太阳系的八行星和其他天体都围绕它运动。天文学中常以符号⊙表示。它是银河系中一颗普通恒星，位于距银心约 10 千秒差距的旋臂内，银道面以北约 8 秒差距处。它一方面与旋臂中的恒星一起绕银心运动，另一方面又相对于它周围的恒星所规定的本地静止标准（银经 56°，银纬 +23°）作每秒 19.7 千米的本动。

基本参数　太阳与地球的距离可用多种方法测定。最简单的方法是测定太阳视差，就是地球半径在太阳处的张角（约为 8″.8），然后由三角关系推算。更精确的是用雷达方法测定地球与金星的距离，再由开普勒第三定律推算。测量结果表明，日地平均距离（地球轨道半长轴）A 为 1.496×10^8 千米，其周年变化约为 1.5%，每年 1 月地球在近日点时为 1.471×10^8 千米，7 月在远日点时为

1.521×10^8 千米。光线从太阳到达地球需时约 500 秒。当观测者在日地平均距离处注视太阳时，视向张角 $1''$ 对应日面上 725.3 千米。

在日地平均距离处测定太阳的角半径为 $16'$，因而可算得太阳半径 R 为 6.963×10^5 千米，或约为 70 万千米，即为地球半径的 109 倍左右。太阳体积则是地球体积的 130 万倍。由开普勒第三定律可算得太阳质量 M 为 1.989×10^{30} 千克。太阳的平均密度 ρ 为 1.408 克/厘米^3。

太阳的总辐射功率可通过直接测量确定。根据"太阳极大年使者"人造卫星 (SMM) 上辐射仪的测量结果，在日地平均距离处、地球大气外垂直于太阳光束的单位面积上、单位时间内接收到的太阳辐射能量 S 为 1367 瓦/米^2，这个数值称为太阳常数。这样整个太阳的总辐射功率为：

$$L = 4\pi A^2 S = 3.845 \times 10^{26} \text{ 焦/秒}$$

单位太阳表面积的发射率为：

$$a = L / 4\pi R^2 = 6.311 \times 10^3 \text{ 焦}/(\text{秒}\cdot\text{厘米}^2)$$

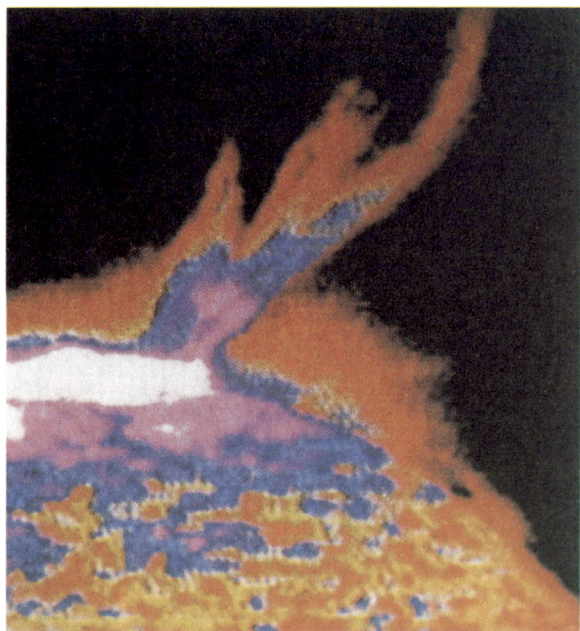

从"天空实验室"上拍摄到的太阳照片

太阳上不同区域的温度，原则上可通过观测不同区域的辐射特征来确定，如连续光谱中的能谱分布、谱线轮廓和电离谱线的出现情况等。光谱观测还可得到太阳大气的化学组成、密度、压力、磁场强度、自转和湍流速度等物理参数。太阳的各种基本参数见表。

太阳的基本参数

日地平均距离	$A=1.496 \times 10^8$km
半径	$R=6.963 \times 10^5$km
质量	$M=1.989 \times 10^{30}$kg
表面重力加速度	$g=2.74 \times 10^4$cm/s^2
表面逃逸速度	$V=617.7$km/s
平均密度	$\rho=1.408$g/cm^3
中心密度	约150g/cm^3
表面密度（光球）	约10^{-9}g/cm^3
表面温度（光球）	约6000K
中心温度	约16×10^6K
太阳常数	$S=1367$W/m^2
总辐射功率	$L=3.845 \times 10^{26}$J/s
化学组成 （按质量百分比）	氢71%，氦27% 其他元素2%

总体构造 由太阳光谱研究推算太阳表面温度约为6000K，而结合理论推算的太阳中心温度高达16×10^6K，在这样的高温条件下，所有物质都已气化，因此太阳实质上是一团炽热的高温气体球。通过观测和理论推算表明，整个太阳球体大致可分为几个物理性质很不相同的层次。除了中心区氢因燃烧损耗较多外，其他各层次在化学组成上无明显差别。

从太阳中心至大约0.25太阳半径的区域称为日核，是太阳的产能区。日核中夜以继日地进行着四个氢原子聚变成一个氦原子的热核反应，反应中损失的质量变成了能量，主要为γ射线光子和少量中微子。约从0.25至0.75太阳半径的区域称为太阳中层。来自日核的γ射线光子通过这一层时不断与物质相互作用，即物质吸收波长较短的光子后再发射出波长较长的光子。虽然光子的波长不断变长，但总的能量无损失地向外传播。区域的温度由底部的8×10^6K下降到顶部的5×10^5K；密度由10^{-2}克/厘米^{3}下降到4×10^{-7}克/厘米^3。从0.75太阳半径至太阳表面附近是太阳对流层，其中存在着热气团上升和冷气团下降的对流运动。产生对流的主要原因是温度随高度变化引起氢原子的电离和复合。

对流层上方是一个很薄而非常重要的气层，称光球层或光球。当用肉眼观察

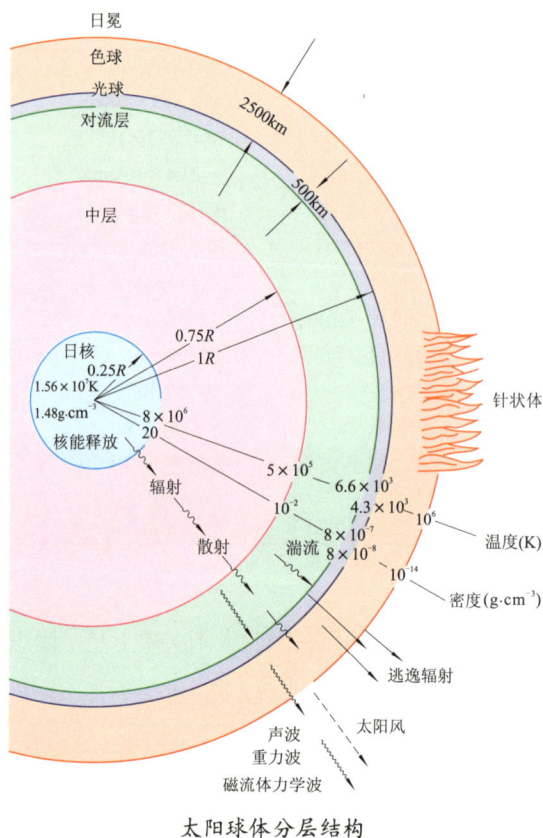

太阳球体分层结构

[图中标注：日冕、色球、光球、对流层、2500km、500km、中层、0.75R、1R、日核、0.25R、$1.56×10^7$K、1.48g·cm^{-3}、核能释放、$8×10^6$、20、散射、辐射、$5×10^5$、$6.6×10^3$、10^{-2}、$4.3×10^3$、$8×10^{-8}$、10^5、10^{-14}、针状体、温度(K)、密度(g·cm^{-3})、逃逸辐射、太阳风、湍流、声波、重力波、磁流体力学波]

太阳时，看到的明亮日轮就是太阳光球。光球的厚度不过500千米，但却发射出远比其他气层强烈的可见光辐射。太阳在可见光波段的辐射几乎全部是由光球层发射出去的。因此当用肉眼观察太阳时，它就非常醒目地呈现在面前，这就是把它称为光球的原因。太阳半径和太阳表面都是按光球外边界来定义的。光球外面是较厚和外缘参差不齐的气层，称色球层或色球，其厚度在2000～7000千米之间。高度在1500千米以下的色球比较均匀，1500千米以上则由所谓针状体构成。色球的密度从底部向上迅速下降，但其温度却从底部的几千度球、色球和日冕合称太阳大气，可通过观测它们的辐射特征，并结合理论分析来推测它们的物理构造。日核、中层和对流层则合称太阳内部或太阳本体，它们的辐射被太阳本身吸收，因而不能直接观测到它们，其物理构造主要依靠理论推测。

活动现象　太阳基本上是一颗球对称的稳定恒星。然而大量观测表明，太阳在稳定和均匀地向四面八方发出辐射的同时，它的大气中的一些局部区域，有时还会发生一些存在时间比较短暂的"事件"。如在太阳光球中，可观测到许多比周围背景明显暗黑的斑点状小区域（称为太阳黑子）和比背景明亮的浮云状小区域（称为光斑）；色球中也可经常观测到比周围明亮的大片区域（称为谱斑）和突出于太阳边缘之外的奇形怪状的太阳火焰（称为日珥）；日冕中也可观测到许多明显的不均匀结构。特别是在色球和日冕的大气层中，偶尔还会发生表明有巨大能量释放的太阳爆发现象（称为耀斑）。上述现象不仅存在的时间比较

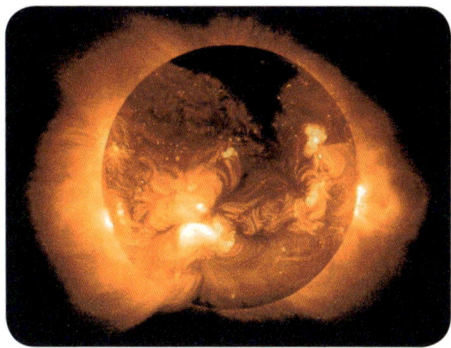

日冕

短暂且不断变化，而且往往集中在太阳黑子附近的太阳大气的局部区域（这些局部区域称为太阳活动区）。同时，这些现象发生的过程中，尤其是发生太阳耀斑期间，从这些区域发射出增强的电磁波辐射和高能粒子流，特别是在 X 射线、紫外线和射电波段出现非常强的附加辐射，以及能量范围在 $10^3 \sim 10^9$ 电子伏的带电粒子流（主要为质子和电子）。通常把太阳上所有这些在时间和空间上的局部化现象，及其所表现出的各种辐射增强，统称为太阳活动。与此对应，把不包含这些现象的理想太阳，即时间上稳定、空间上球对称和均匀辐射的太阳，称为宁静太阳。

宁静太阳的物理性质在空间上只随日心距变化，在同一半径的球层中物理性质是相同的；在时间上几乎是不变的，其变化时标为太阳演化时标，即大于 107 年。这样就可把真实的太阳看作是以宁静太阳为主体并附加有太阳活动现象的实体。换句话说，可把宁静太阳看作是真实太阳的基本框架，而把太阳活动看作是对宁静太阳的扰动。

太阳活动现象中，一次耀斑过程的持续时间只有几分钟至几小时，一个活动区的寿命约为几天至几个月。同时，整个太阳大气中所发生的太阳活动现象的多寡，还表现出平均长度约为 11 年的周期（称为太阳活动周），也可能存在更长的周期。因此太阳活动的时标可认为从几分钟至几十年。太阳活动区本质上是太阳大气中的局部强磁场区，而各种活动现象则是磁场与太阳等离子体物质的相互作用结果。

应当指出，太阳活动所涉及的能量大小与整个太阳的总辐射能相比，仍然是微不足道的，如一次大耀斑释放的能量估计为 4×10^{25} 焦，若其持续时间为 1 小时，

则其辐射功率为 10^{22} 焦／秒，与太阳的总辐射功率 3.845×10^{26} 焦／秒相比是可忽略的。因此存在太阳活动现象丝毫无损于把太阳视为一颗稳定的恒星。大功率的稳定的辐射加上小功率的周期性的太阳活动，这就是现阶段太阳的主要特征。

各种辐射　广义的太阳辐射包括向外发射的电磁波、太阳风、中微子、偶发性高能粒子流，以及声波、重力波和磁流波。电磁波辐射来自太阳大气。太阳风就是从日冕区连续向外发射的等离子体，主要是质子和电子。太阳中微子是由日核中的核反应产生的，它们几乎不与太阳物质相互作用，而是直接从太阳内部向外逃逸。偶发性高能粒子流是当太阳大气中发生耀斑、爆发日珥和日冕物质抛射等剧烈太阳活动现象时产生的，这些粒子流不一定是等离子体，往往是质子或电子占优势。声波、重力波和磁流波主要是由太阳对流层中猛烈的气团运动激发并与磁场耦合产生的。太阳在上述各种形式的能流中，电磁波的能流远远超过其他形式的能流，如太阳风的发射功率约比电磁波小6个数量级，其他能流就小得更多。这样从能量的角度看来，电磁波以外的其他能流是可忽略的。因此若无特殊说明，通常都把太阳辐射理解为太阳电磁波辐射。

太阳电磁波辐射的波长范围从 γ 射线、X 射线、远紫外、紫外、可见光、红外，直到射电波段。但由于地球大气的吸收，能够到达地面的太阳辐射只有可见光区、红外区的一些透明窗口和射电波段。太阳的紫外、远紫外、X 射线和 γ 射线只能进行高空探测。太阳电磁辐射的波段划分见表。

太阳电磁辐射波谱

波段	波长 (nm)	能量范围 (eV)
γ 射线	$\lambda < 2.5 \times 10^{-3}$	$E > 5 \times 10^5$
硬 X 射线	$0.0025 \leq \lambda < 0.1$	$12.4 \times 10^3 < E \leq 5 \times 10^3$
软 X 射线	$0.1 \leq \lambda < 10$	$0.124 \times 10^3 < E \leq 12.4 \times 10^3$
远紫外 (EUV)	$10 \leq \lambda < 150$	$8.24 < E \leq 124$
紫外 (UV)	$150 \leq \lambda < 300$	$4.13 < E \leq 8.24$
可见光	$300 \leq \lambda < 750$	$1.65 < E \leq 4.13$
红外 (IR)	$750 \leq \lambda < 10^6$	$0.00124 < E \leq 1.65$
射电	$\lambda \geq 10^6$	$E \leq 0.00124$

太阳电磁波辐射的主要功率集中在可见光区和红外区，分别占太阳总辐射能量的41%和52%。极大辐射强度对应的波长为495纳米，在黄绿光区。紫外线所占的能量比重仅为7%。而太阳无线电波段以及远紫外、X射线和γ射线所占的能量比重是可忽略的。粗略地说，太阳紫外线、可见光和红外波段的辐射是由光球发射的，而远紫外、X射线、γ射线和射电波段则来自太阳高层大气（色球和日冕）。

形成和演化　太阳的演化途径主要取决于它的能源变化。太阳是一颗典型的主序星，关于主序星的产生及其演化过程，天文学家已做了大量研究，并已得到比较一致的看法。根据这些研究结果，太阳的一生大体上可分为五个阶段。

①主序星前阶段。包括太阳在内的所有主序星都是由密度稀薄而体积庞大的原始星云演变来的。当星云的质量足够大时，在自身的引力作用下，星云中的气体物质将向星云的质量中心下落，其宏观表现就是星云收缩。这个过程的实质就是物质的位能变成动能。结果是星云中心区的密度和温度逐渐增大，并最终使其达到氢原子核聚变所需的密度和温度，这样便发生氢变成氦的核反应，它所释放的辐射压力与引力平衡，使星云不再收缩，形成一颗恒星。这个阶段经历的时间大约只需3000万年。

②主序星阶段。以氢燃烧为能源，标志着太阳进入主序星阶段。由于太阳的氢含量很大，能源非常稳定，从而太阳的状态也非常稳定。因此这个阶段相当于太阳的青壮年时期。太阳已经在这个阶段经历了46亿年，这就是太阳的年龄（主序星前的3000万年可忽略）。根据理论推算，太阳还将在这个阶段稳定

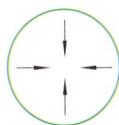

a 主星序前收缩
$(3 \times 10^7$年$)$

b 主星序,中心氢燃烧
$(8 \times 10^9$年$)$

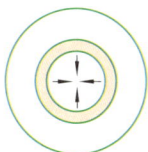

c 红巨星,外层氢燃烧
$(4 \times 10^8$年$)$

d 中心氦和外层氢燃烧
$(5 \times 10^7$年$)$

e 白矮星$(5 \times 10^9$年$)$

太阳的形成和演化

地"生活"34亿年，然后进入动荡的晚年时期。

③红巨星阶段。日核中的氢耗尽之后，包围日核的气体壳层里面的氢开始燃烧，壳层上面的气体温度上升，结果使太阳大规模膨胀。由于太阳光度的增大不如表面积增大快，单位表面积的发射功率下降，辐射波长移向红区，使太阳变成了一颗巨大的暗红恒星，即红巨星。太阳在红巨星阶段经历的时间大约是4亿年。

④氦燃烧阶段。当太阳中心氢耗尽并变成原子量较大的氦之后，中心部分又开始收缩，密度和温度继续增大。当温度达到10^8K时，氦核开始聚变燃烧。与此同时，外面氢烧燃层的半径继续增大，但燃烧层的厚度却不断减少。中心氦和壳层氢耗尽后，接着就是壳层氦燃烧。太阳的氦耗尽之后，还可能经历几个更重元素的燃烧期。不过由于其他元素含量很少，这些时期均非常短暂。整个氦燃烧阶段的时间也只有5000万年，其他元素的燃烧时间则更短。

⑤白矮星阶段。当太阳的主要燃料氢和氦耗尽之后，体积进一步缩小，它的半径可缩小到只有目前太阳半径的1%，而密度大约是现在的100万倍。这时太阳的光度只有目前太阳的1%～1‰，成为一颗很小的高密度暗弱恒星，即白矮星。太阳在白矮星阶段大约经历50亿年之后，它的剩余热量也扩散干净，终于变成一颗不发光的恒星——黑矮星。

根据理论推测的太阳演化过程中不同阶段的基本特征，如红巨星和白矮星等，均能在众多的恒星世界中找到实例，因此通常认为这种推测是可信的。

2. 太阳黑子

太阳表面出现的暗黑斑块。最常见和最容易观测到的一种太阳活动现象。简称黑子。在普通望远镜的焦平面上放置照相底片拍摄太阳，或用附加强减光滤光片的望远镜对太阳目视观测，就能看到太阳表面经常出现的暗黑斑块，就是太阳黑子。当太阳在地平线附近，或遇到薄雾天气时，日面上若有特大的黑子，往往用肉眼就能看到。

《中国大百科全书》普及版⊙ 巡天遥看一千河——无垠的宇宙　xuntianyaokanyiqianhe wuyindeyuzhou

《汉书·五行志》中记载的汉元帝永光元年（前43）四月某日"日色青白，亡影（无影），正中时有景（影）亡（无）光"是世界上最早的太阳黑子观测记录。若认为这段描述尚不够明确，则该书中的另一段记载，成帝河平元年（前28）三月己未"日出黄，有黑气，大如钱，居日中央"则是确切无疑的黑子记录，也是世界上最早的记录。自公元前43～公元1638年，中国史书上已发现有112条太阳黑子目视记录。西方国家从1610年开始才用望远镜断断续续地观测太阳黑子，1818年后才有较常规的每日黑子观测，从而才有比较完整的和连续不断的太阳黑子观测资料。

黑子分布　太阳黑子倾向于成群出现，因此日面上经常形成一些黑子群。每群中的黑子从一两个至几十个，单个黑子大小则从几百至几万千米。大部分黑子群由大致与太阳赤道平行的两部分组成。由于太阳自转原因，西边部分总在前面，称为前导部分；东边部分称为后随部分。前导部分的黑子大都比后随部分大，黑子的分布也较后随紧密，寿命也较长，而且比后随部分早出现和晚消失。前导黑子的纬度一般也较后随黑子稍低，因此黑子群相对于太阳赤道略为前倾，黑子群通常出现在太阳赤道两边 ±40° 之间的区域。

本影和半影　较大的黑子结构复杂，其中心区常有一块或几块特别暗黑的核块，称为本影。围绕本影的淡黑区域称为半影。

光谱观测表明，本影区的温度为4000～4500K之间，半影区温度约为5500K，均比太阳表面无黑子区域的温度（约6000K）要低。高质量的照片上可看到黑子半影呈亮暗相间的纤维状结构，称半影纤维。本影中有时也出现一些亮颗粒，称为本影点。观测显示，半影中的亮纤维和本影中的亮颗粒均有向上的运动速度，与因对流运动引起的太阳表面的米粒组织有些相似，可见在黑子中对流并未完全消失。

单个黑子都有很强的磁场，强度为1000～4000高斯。黑子越大，磁场越强，黑子本质上是太阳表面的强磁场区。由于太阳等离子体难以横越磁力线运动，造成

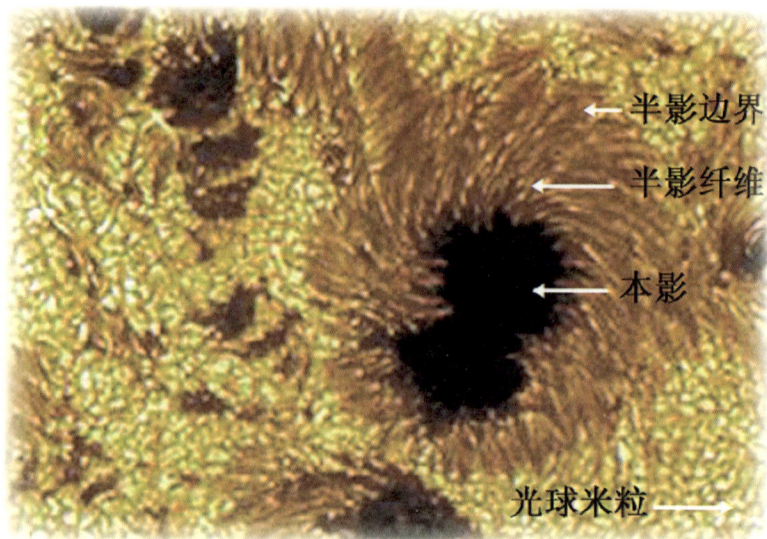

太阳黑子

半影边界

半影纤维

本影

光球米粒

黑子区中对流不畅，太阳深层的热量难以充分输送到太阳表面，导致该局部区域温度下降，变得稍暗。因此，黑子的强磁场是造成黑子暗黑的原因。由两部分黑子组成的黑子群中，其前导和后随部分的极性往往相反，这种黑子群称为双极群。大多数双极群中前导和后随的磁通量近于相等，暗示这两部分是由共同的磁力线贯通的。黑子群中也有一部分为单一极性的单极群和具有复杂极性分布的多极群。

物理形态　黑子群的演化过程通常是由简单变复杂，再变为简单。最先是由米粒之间的暗点扩大为几个米粒大小的暗斑，称为气孔，就是无本影的最小黑子。许多气孔只存在几小时，或一天左右；另一些则发展成黑子和黑子群。气孔已有相当强的磁场，强度可达1000高斯以上。黑子群的寿命短的只有几天，长的可达几个月，大多为10～20天。黑子群在发展过程中，具有各种形态。为研究黑子群的演化规律，常按这些形态特征对黑子群分型，不同型别的黑子群具有不同的形态特征。

其他活动现象　太阳黑子多时，其他活动也比较频繁。黑子附近的光球中总会出现光斑；黑子上空的色球中总会出现谱斑，其附近经常有日珥；黑子上空的日冕中则常出现凝块等不均匀结构。同时，最剧烈的活动现象——太阳耀斑，绝大多数也发生在黑子上空的大气中。所以太阳大气从低层至高层，以黑子为核心形成了一个活动中心，称为太阳活动区。黑子既是活动区的核心，也是活动区最明显的标志。这样就可用表示黑子群和黑子多寡的所谓"黑子相对数"来代表某日或某一时期的太阳活动平均水平。

[二、最靠近太阳的行星——水星]

太阳系八大行星之一。距太阳最近。"Mercury"是希腊神话中的"信使之神"。中国古代称辰星，西汉之后始称水星。最亮时的亮度可达 -1.9 视星等。水星与太阳之间平均距离为 0.3871 天文单位 (AU)。水星的轨道偏心率 e 较大，为 0.21。与太阳距离的变化幅度是：近日距接近 0.31AU，远日距接近 0.47AU。

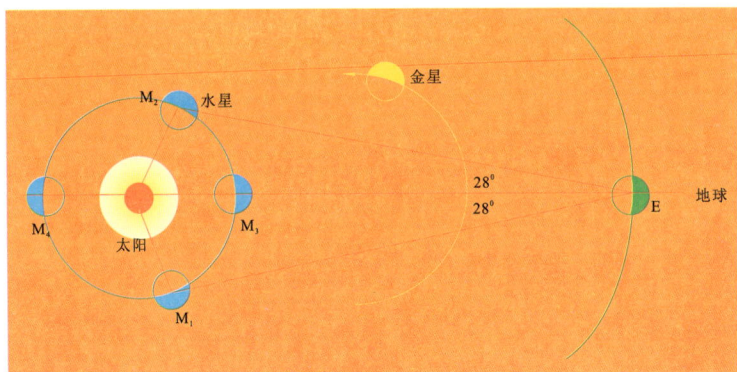

水星和太阳之间的角距

由于离太阳的距离近，与太阳的角距离最大也不超过 28°，所以平时不易观看到，只有在大距附近时才便于观测。它的反照率只有 0.06，在四个类地行星（水星、金星、地球和火星）中是最小的。水星是内行星，用望远镜观测可见到有如类似月球的相位变化。

公转和自转　水星公转轨道面与黄道面的交角为 7.00°，是太阳系八行星中轨道夹角最大的。水星公转运动的平均轨道速度是 47.6 千米 / 秒，近日点处为 56.6 千米 / 秒，远日点处为 38.7 千米 / 秒，在八行星中运动速度是最大的。公转周期是 87.969 个地球日，在八行星中是最短的。水星赤道和公转轨道的倾角等于 0.1°，在八行星中最小，所以水星上没有季节之分，赤道上空的太阳总是直射，两极地区的日光永为斜射。1889 年根据望远镜的目视测量资料，曾确认水星的自转周期和公转周期同步。直到 1965 年，运用射电天文方法才得知自转周期应是 58.646 个地球日，纠正了一项历时近 80 年的基本资料错误。水星的自转周期和公转周期二者的长度比恰好是 2∶3，即自转 3 周才是 1 昼夜，历时约 176 个地球日。与此同时，公转了 2 周。因此，可以说水星上从日出到下个日出的 1 个水星日等于 2 个水星年。对于水星自转和公转的周期长度比为 2∶3 的现象，迄今尚无令人满意的理论解释。

物理状况　水星大气极端稀薄，原子的数密度为 105/ 厘米 ^{3}。含有氦、氢、氧、碳、氩、氖、氙等元素。水星的气压只有地球的 $1/10^{12}$，由于没有足以隔热的大气，在近日点时的赤道上的最高温度约为 725K，夜间温度又会下降到 90K，这在太阳系的行星和卫星上是已知的最大温差。

水星近日点进动问题　水星公转轨道上的近日点有自西向东位移现象，称之为进动。天文实测表明，每 100 年进动 5600.73 角秒，但按照经典力学计算出的数值应是 5557.62 角秒，其中的 90% 是岁差引起，其余的 10% 起因于其他行星的摄动。进动的观测值和计算值二者相差 43 角秒，这是天文学史上的水星近日点进动之谜。直到 1915 年，运用广义相对论才得到完满的理论解释。每当水星运行到太阳和地球的轨道之间，即上合方位，且三者又处于同一视线方向附近时，在望远镜中可见呈小黑圆点状的水星在太阳圆面前自东往西通过，此天象称为水星凌日。每 100 年平均出现 13 次，最近的一次水星凌日发生于 2003 年 5 月 7 日。

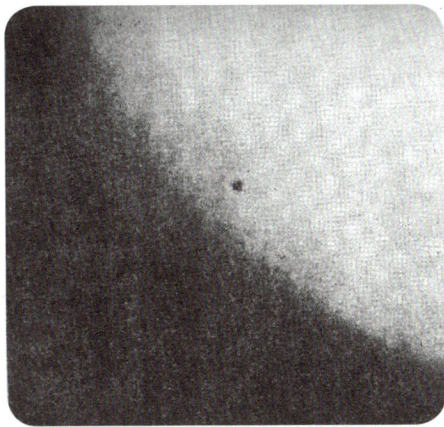
水星凌日照片（图中小黑点是水星）

内部结构　水星赤道半径为 2440 千米，约为地球的 38％。质量约为地球的 5.5％。体积约为地球的 5.6％。水星的椭率为 0.0，即赤道半径和极半径的长度相等。平均密度 5.43 克／厘米^3，比地球的略小。赤道表面的重力加速度为 3.70 米／秒^2，因此逃逸速度也很小，为 4.4 千米／秒。水星是一个类地行星，它的内部结构很特别，铁成分所占的比例是行星和卫星中最大的。如果铁质物质都集中在内核，则铁核应占水星直径的 75％，并占水星体积的 42％，而硅质地幔和地表的厚度仅有 600 千米。与其比较，地球的铁核占地球直径的 54％，只占地球体积的 16％。水星没有卫星。

空间探测　到 20 世纪末，只进行过一次空间探测。"水手" 10 号行星际探测器于 1973 年 11 月 3 日升空，1974 年 2 月 5 日飞掠金星，随后 3 次与水星会合。

水星地貌（喻京川的太空美术画）

第一次于 1974 年 3 月 29 日在距离 703 千米处飞临水星上空；第二次于同年 9 月 21 日在距离约 50000 千米处考察水星；第三次于 1975 年 3 月 16 日在距离 327 千米处观测水星的暗面。"水手"10 号配置有两台卡塞格林式望远镜和电视摄像机，共发送回 3700 幅几个不同波段的水星地貌图像，最高分辨率为 134 米，还利用观测资料汇编出第一部水星照相地貌图。空间探测的最大成就是发现水星表面遍布由陨击坑组成的环形山，与月貌甚为相似。小型陨击坑的密度也与月球的一致，但又有其独特之处，如有高 3 千米、长 500 千米的峭壁。另一项发现是探测到水星的偶极磁场，场强仅为地球的 1/60，还发现与磁场规模相匹配的磁层。此外，也测定了水星稀薄大气的各项基本参数。美国国家航空航天局于 2004 年 8 月 3 日发射了"信使"号水星探测器，于 2008 年飞临水星，并于 2011 年开始为期一个地球年的环绕水星飞行考察。主要使命是测定水星密度和密度分布，以期了解其内部结构和内核结构，考察极区地带；探测磁场和考察地质史；检测水星稀薄大气的元素组成。

［三、中国人眼中的"启明星"——金星］

太阳系八大行星之一。从地球上看，它是最亮的行星。"Venus"是希腊神话中的"爱情之神"，中国古代以"启明"和"长庚"分别称黎明前东方的晨星和黄昏后西方的昏星，西汉之后始称"金星"，民间俗称"太白"。最亮时的可达 -4.7 视星等，它的亮度是天上最亮的天狼星（大犬 α）的 19 倍，最暗时的亮度仍是天狼星的 8 倍。金星是除太阳、月球和某些罕见的偶现天体外星空中最亮的星。

金星和太阳之间平均距离为 0.7233 天文单位（AU）。金星的轨道偏心率 e 小于 0.01 与太阳距离的变化幅度很小。由于离太阳的距离近，和太阳的角距离最大

"水手"10号行星际探测器拍摄的
金星全景（选自《天文博物馆》）

也不超过 48°，所以作为晨星时只能出现在东南天空，昏星时只能呈现在西南天际，永远不会运行到正南方。它的反照率是 0.72，在四个类地行星（水星、金星、地球和火星）中是最大的。金星是内行星，用望远镜观测可见到有如类似月球的相位变化。金星的视直径变化幅度很大，距离地球最远时为 10 角秒，距离地球最近时达 64.5 角秒。

公转和自转　金星公转轨道面与黄道面的交角 3.39°。公转运动的平均轨道速度 35.0 千米 / 秒，公转周期 224.7 个地球日。赤道和公转轨道的倾角等于 177.4°。金星的自转运动很慢，是八行星中最慢的，自转周期为 243 个地球日。金星自转方向也与其他大多数行星相反，称为逆行，即从东往西，顺时针自转。公转和自转两者的合成效应是金星上一个金星日（从日出到下一个日出的时间间隔）长达 117 个地球日，即在一个金星年中只能见到两次太阳升起，而且是西升东落。由于轨道偏心率和轨道倾角都很小，金星上没有明显的季节变化。当金星处在"上合"方位，即处在太阳和地球轨道之间，且同时又在黄道附近，三者近似地处在同一视线上时出现"金星凌日"天象。这时只要用滤光片一类的器件减弱强烈日光，就能看到在太阳圆面前从东往西缓缓穿行的小黑圆斑状的金星。"金星凌日"现象每两次为一组，两次之间相隔 8 年，但两组之间的间隔却长达 100 多年。最近一组的两次"金星凌日"分别出现于 2004 年 6 月 8 日和 2012 年 6 月 6 日。

理化状况　金星赤道半径 6052 千米，约为地球的 95%。质量约为地球的 82%。体积约为地球的 85%。椭率为 0.0。金星的平均密度 5.24 克 / 厘米^3，表面的重力加速度 8.87 米 / 秒^2。表面上物体的逃逸速度 10.4 千米 / 秒，比地球

的（11.2 千米／秒）略小。金星也是类地行星，但许多方面与地球差异悬殊。金星具有一个厚大气层，地表的气压 95 帕，为地球表面大气压力的 95 倍。由于强烈的温室效应，昼夜温差很小。表面温度高达 740K，足以融化铅，超过水星的温度，成为行星上的最热点。与地球的富氮大气不同，金星大气的主要成分是二氧化碳。大气中不含水，而含硫酸。金星地貌主要起源于火山活动，至少在最近的演化阶段没有大陆漂移和板块活动的迹象。根据雷达测高，全球表面基本为平原，90％的表面与平均半径的高差起伏在 -1.0 千米和 2.5 千米之间。全球表面的 27％低于平均半径 1 ～ 2 千米，65％高于平均半径 0 ～ 2 千米，8％高于平均半径 2 ～ 12 千米。岩石圈厚度尚无定论，对内部结构的确切了解也还不多。空间探测确认金星没有磁场。金星没有卫星。

空间探测　每隔 19 个地球月，金星即处在日地之间的"上合"方位，此时距离地球最近，为探测器的最佳发射期。金星的空间探测始于 1962 年，是飞行器造访次数最多的行星。"水手"号行星际探测器系列（美国）："水手"2 号于 1962 年首次飞掠金星。1967 年"水手"5 号、1974 年"水手"10 号相继升

金星地貌（喻京川太空美术画）

空，主要任务是就近考察金星大气，拍摄了 3500 幅不同距离的图像。"金星"号探测器系列（苏联）："金星" 4 号于 1967 年首次成功飞临，1970 年《金星》7 号首次着陆。1972 ～ 1983 年"金星" 8 ～ 16 号相继考察，拍摄表面图像、实施地质化学测量、测定放射性元素含量、测绘分辨率 1 ～ 2 千米的北极附近地形地貌。"先驱者－金星"号探测器系列（美国）："先驱者－金星" 1 号和 2 号在 1978 ～ 1992 年考察金星，其中 1 号环金星飞行，用雷达测高计绘制地形图，水平分辨率 50 千米，高程分辨率 200 米。2 号则投放 4 个探测器并实施质谱测量。"维佳"号（苏联）："维佳" 1 号和 2 号于 1984 ～ 1985 年就近着陆考察，其中 2 号利用投放的仪器测定土壤样本的 X 射线荧光效应。"麦哲伦"号金星探测器（美国）："麦哲伦"探测器是一个雷达测绘飞行器，1989 年由航天飞机发送近太空。1990 ～ 1994 年期间完成金星全球 98％地表的测绘，分辨率 120 ～ 300 米。取得了有关高度、辐射、重力等参数的测量资料。此外，"伽利略"号探测器（美国）在奔向木星的途中，于 1990 年飞临金星实施顺访考察，取得金星夜晚半球的云层近红外图像。2005 年 11 月，"金星快车"号探测器（欧盟）发射上天，2006 年 4 月进入环绕金星运行轨道，执行为期 486 个地球日的环绕金星的飞行探测。

[四、人类的美好家园——地球]

太阳系八大行星之一，按离太阳由近及远的次序为第三颗。是人类所在的行星。它有一个天然卫星——月球，二者组成一个天体系统——地月系统。地球大约有 46 亿年的历史。不管是地球的整体，还是它的大气、海洋、地壳或内部，从形成以来就始终处于不断变化和运动之中。在一系列的演化阶段，它保持着一种动力学平衡状态。

1. 自转和公转

1543年，N.哥白尼在《天体运行论》一书中首先完整地提出了地球自转和公转的概念。此后，大量的观测和实验都证明了地球自西向东自转，同时围绕太阳公转。1851年，法国物理学家傅科在巴黎成功地进行了一次著名的实验（傅科摆试验），证明地球的自转。地球自转周期约为23时56分4秒平太阳时（1恒星日）。地球公转的

"阿波罗" 17号在宇宙空间拍摄的地球照片
（据美国国家航空航天局）

轨道是椭圆的，公转轨道的长半径为149597870千米（1天文单位），轨道偏心率为0.0167，公转周期为1恒星年(365.25个平太阳日)，公转平均速度为每秒29.79千米，黄道与赤道交角（黄赤交角）为23°27′。地球自转和公转运动的结合产生了地球上的昼夜交替、四季变化和五带（热带、南北温带和南北寒带）的区分。地球自转的速度是不均匀的，有长期变化、季节性变化和不规则变化。同时，由于日、月、行星的引力作用以及大气、海洋和地球内部物质的各种作用，使地球自转轴在空间和地球本体内的方向都产生变化，即岁差和章动、极移和黄赤交角变化。

2. 形状和大小

希腊哲人亚里士多德(前384～前322)根据月食时月球上地影是一个圆，首次科学地论证地球应是圆球形状。另一位希腊地理学家埃拉托色尼(约前276～约前194)成功地用三角测量法测定了阿斯旺和亚历山大城之间的子午线长度。中国唐代南宫说于724年在今河南省选定同一条子午线上的13个地点进行大地测量，经天文学家一行(683～727)归算，求出子午线1°的长度。现在，根据

大地测量、重力测量、地球动力测量和空间测量的综合研究，在国际天文学联合会公布的天文常数系统中，地球赤道半径为6378千米，扁率为1/298。地球不是正球体而是三轴椭球体，赤道半径比极半径约长21千米。地球内部物质分布的不均匀性，致使地球表面形状也不均匀。地球质量（包括大气圈等）为 5.976×10^{24} 千克，地球体积为 1.083×10^{21} 立方米，平均密度为5.52克/厘米^3。地球尺度及其他参量见表。

地球的尺度和其他参量	
赤道半径(m)	6.378139×10^6
极半径(m)	6.356755×10^6
体积(m^3)	1.083×10^{21}
扁率	3.35282×10^{-3}
总面积(m^2)	5.100×10^{14}
陆地面积	1.48×10^{14}
海洋面积	3.62×10^{14}
平均密度(g/cm^3)	5.52
质量(kg)	5.976×10^{24}
大气质量	5.1×10^{18}
海洋质量	1.4×10^{21}
地壳质量	2.6×10^{22}
地幔质量	4.0×10^{24}
外核质量	1.85×10^{24}
内核质量	9.7×10^{22}
转动惯量($kg \cdot m^2$)	
绕c轴	8.0378×10^{37}
绕a轴	8.0115×10^{37}
自转角速度(rad/s)	7.292115×10^{-5}
赤道重力加速度(m/s^2)	9.780318
极重力加速度(m/s^2)	9.832177
转动惯量系数	0.33076

3. 海陆分布与演变

地球表面的形态是复杂的，有绵亘的高山，有广袤的海盆以及各种尺度的构造。大陆上的最高处是珠穆朗玛峰，海拔达8844.43米，最低点为死海，湖面比海平面低416米；海底最深处马里亚纳海沟，深度达到11034米。地球的总表面积为 5.100×108 平方千米，其中大陆面积约为 1.48×10^8 平方千米，约占地表总面积的29%。地球是太阳系中唯一在表面和深部存在液态水的星体。海洋面积约为 3.62×10^8 平方千米，约占71%。海面之下，大陆有一个陡峭的边缘。以平均海平面为标准，地球表面上的高度统计有两

喜马拉雅山脉主峰——珠穆朗玛峰

组数值分布最为广泛：一组在海拔 0～1000 米之间，占地球总面积的 21％以上；另一组则在海平面以下 4000～5000 米之间，占 22％以上。在地球表面水的总量约为 $1.4×10^9$ 立方千米，其中淡水为 $3.5×10^7$ 立方千米，只占总水量的 2.5％。

洋底岩石年龄小于 2 亿年，比陆地年轻得多，陆地上到处可以找到沉积岩，说明在地质时期这些地方可能是海洋。1912 年 A.L. 魏格纳提出大陆漂移说，认为海洋和大陆的相对位置在地质时期是变化的。20 世纪 60 年代初 H.H. 赫斯和 R.S. 迪茨提出海底扩张说，认为全球洋盆演化是洋底扩张的结果。此后板块构造说进一步解释了地球的运动。板块分裂造成大洋的形成，整个洋底在 2 亿年左右更新一次；板块挤压运动形成巨大的山系，如阿尔卑斯山、喜马拉雅山等。

4. 结构和组成

地球是有生命的行星，它由不同物质和不同物质状态组成的圈层构成，即由固体地球、表面水圈、大气圈和生物圈所组成。随着科学的发展，它们分别成为固体地球物理学、地质学、海洋科学、大气科学和生物学主要研究的对象。下面主要介绍地球的内部结构、物质组成及总体成分。

地球内部结构 根据地震波速度观测的结果，发现地球内部存在全球范围的速度间断面（如莫霍界面、古登堡界面和莱曼界面等）。用这些间断面可将地球分成不同的圈层。20 世纪 80 年代，地震层析成像研究发现地球内部结构有很大的横向非均匀性，但总体上是径向分层。

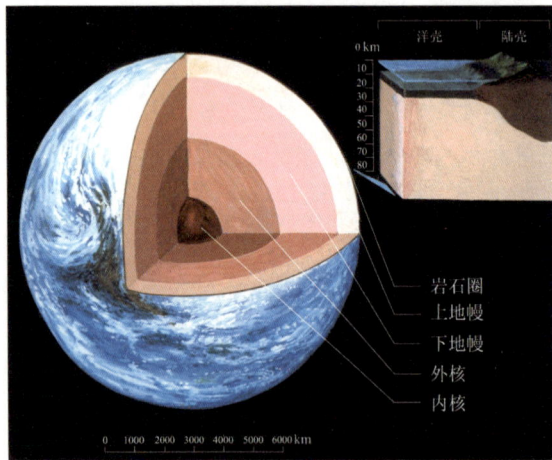

地球内部圈层结构

主要分成地壳、地幔和地核三个圈层。

①地壳。固体地球的最上层部分，其底部界面是莫霍面。大陆地壳和海洋地壳有明显的不同，而不同地区大陆地壳厚度相差也很大，从20多千米到70多千米；海洋地壳仅几千米。地壳还可进一步分成不同的层，横向变化也很大。

②地幔。地壳下由莫霍面到古登堡面之间的部分。地幔可以进一步分为许多层。目前已确定的全球性间断面有410千米间断面，是由橄榄石到β尖晶石的相变形成；660千米间断面，是由尖晶石到钙钛矿和镁方铁矿相变形成，660千米间断面是上、下地幔的分界面。

③地核。地心到古登堡界面之间的部分，又可分为外核和内核两部分，它们之间的分界面为莱曼界面，深度在5149.5千米。地核主要由铁、镍及少量的硅、硫组成。外核为液态，内核为固态。

地球内部物质组成　地震波的速度和物质密度分布提供了研究地球内部物质组成的约束条件。地核有约90%是由铁镍合金组成，但还含有约10%～20%的较轻物质，可能是硫或氧（但也有人认为地核含有21%的硅，11%的硫，7%的氧）。上地幔的主要矿物是橄榄石、辉石和石榴子石。在410千米的深处，橄榄石相变为尖晶石的结构，而辉石则相变为石榴子石。在520千米的深度，β尖晶石变为γ尖晶石，辉石分解为尖晶石和超石英。在660千米深度下，这些矿物都分解为钙钛矿和氧化物结构。在下地幔，矿物组成没有明显的变化，但在地幔最下的200千米中，物质密度有显著增加。这个区域是否有铁元素的富集还是一个有争议的问题。地壳中的岩石矿物是由地幔物质分异而成的。

地球总体成分　可通过两种途径求得。其一根据地球各圈层的密度、质量分配以及对地幔成分和地核成分的基本假设进行近似的估算。另一种是基于地球起源学说以及对陨石比较研究的结果，选择特定类型陨石的成分作为建立地球总体模型的基础。由于大气、海洋只占地球总质量的0.03%，地壳只占不到总质量的1%，所以地球的总体成分基本上决定于地幔和地核。1982年R.G.梅森假设地核的铁镍合金具有球粒陨石金属相的平均铁、镍成分，地核金属相占地球总质量的 27.10％；据球粒陨石金属相中还含有一定成分的陨硫铁，计算出地核中含 Fe 总量为地球总质量的 5.3％。而地幔加地壳的成分与球粒陨石硅酸盐相的平均化学含量相同（硅酸盐加少量的磷酸盐和氧化物），其质量为地球总质量的 67.60％。据此梅森计算得到地球成分见表。

表中地球总体平均化学成分的数据尽管不够精确，但是已说明了一些重要的问题。地球质量的 90％ 是由 Fe、O、Si 和 Mg 四种元素组成。含量超过 1％ 的其他元素为 Ni、Ca、Al 和 S。另外 7 种元素 Na、K、Cr、Co、P、Mn 和 Ti 的含量介于 0.1％～1％ 之间。由此可知地球物质组成的某些特点。首先，由于元素与氧的不同亲和力（根据氧化物的生成自由能），MgO、SiO_2、Al_2O_3、Na_2O 和 CaO 先于 FeO 而形成，在氧不足的条件下，绝大部分的铁和镍将呈金属状态存在。各种氧化物将结合成为硅酸盐，例如 MgO 和 SiO_2 结合成 $MgSiO_3$（辉石），或者形成 Mg_2SiO_4（橄榄石）。当达到一定的重力平衡状态，绝大部分致密物质向地心集中，并发生分层作用，形成致密的金属核和密度较小的硅酸盐地幔。丰度低的元素受到各种地球化学作用制约而在地球各圈层之间进行分配，如铂、金等倾向于同金属铁结合集中到地核，而亲氧元素铀等则同较轻的硅酸盐组合而集中在地球上部。其次，可以合理地设想，地球曾经被加热达到全部或部分熔融的状态，低熔点的挥发性组分 (H_2O、CO_2、N_2、Ar 等) 逸出，形成大气圈。地幔中富含 SiO_2、Al_2O_3、Na_2O 和 K_2O 的易熔和较轻

地球的主要元素成分（％）

元素	金属相 (M)	硫化物相 (T)	硅酸盐相 (S)	合计
Fe	24.58	3.37	6.68	34.63
Ni	2.39			2.39
Co	0.13			0.13
S		1.93		1.93
O			29.53	29.53
Si			15.20	15.20
Mg			12.70	12.70
Ca			1.13	1.13
Al			1.09	1.09
Na			0.57	0.57
Cr			0.26	0.26
Mn			0.22	0.22
P			0.10	0.10
K			0.07	0.07
Ti			0.05	0.05
合计	27.10	5.30	67.60	100.00

的物质上升到表层如地壳。因此，早期的地球分离为地核、地幔、地壳、海洋和大气等层圈构造。已有的证据表明，约在 40 亿年以前，地球就已经接近于现在的层状结构状况。

5. 地球年龄

根据用多种同位素年代学方法测定陨石、月球和地球古老岩石的结果发现，太阳系各天体形成的年龄比较接近，形成先后的时间间隔约为 1 亿年，因此各种宇宙年代学测定的天体物质的年龄结果可以互相对比，并提高其可靠性。目前测得太阳系元素的合成年龄为 62 亿～ 77 亿年，太阳星云凝聚成各行星，包括地球的年龄为 45.4 亿～ 46 亿年。应用同位素地球化学定年方法还给出了地球演化历史中各地质时期的精确的时间坐标。

6. 地球上生命起源和发展

地球是太阳系中唯一存在生命和人类活动的行星。地球上原始生物蓝藻、绿藻遗迹在年龄为 35 亿年的岩石中即有所发现。虽然地球上生命起源的问题并没有解决，但是大概可以追溯到 40 亿年前。地球早期的大气成分主要由水、二氧化碳、一氧化碳和氮气，以及由火山喷发出其他气体组成，在此情况下，生命必须由无氧的环境中开始，而氧进入大气则被认为是由于生物活动的结果。最初，氧在大气中的含量只能徐缓地增加，估计在距今 20 亿年时含量约为现在的 1%。当大气中的氧增加到能够出现具有保护性臭氧层以后，生物才能在比较浅的水中生活。具有光合

志留纪生物群示意图

作用的生物的繁殖，又促进可以呼吸氧的动物的发展。多细胞生物的最初痕迹见于年龄约为10亿年的岩石中。在距今约7亿年时，复杂的动物，如水母、蠕虫以及原始的介壳类动物已经出现。到距今约5.7亿年，即前寒武纪和寒武纪之交，具有硬壳的动物大量出现，而使大量化石得以在岩石中保存。在此时期，海洋生物有突然的发展。鱼类出现在奥陶纪。志留纪晚期，陆地上已有植被覆盖。石炭纪海中出现两栖类。爬虫类和最初的哺乳类出现在三叠纪，但到新生代开始哺乳类才大量繁殖和扩散。生物的发展虽然表现有平稳的演化进程，但化石的记录也显示了在整个显生宙时期有周期性的大量植物和动物种属大致在同一时期消失的现象。这种灾变的原因久经探讨，有些学者认为可能是由于陨石或小行星的撞击引起的（撞击地球事件）。但是，也有学者指出并不是所有的生物都在同一时期受到影响。这个问题尚待进一步的研究。

7. 空间探测地球

1947年一个小型V-2火箭在160千米的高空取得第一幅自空间俯视地球的照片，成为地球空间探测的开端。1957年人造地球卫星上天后，从空间观测地球逐步成为地球科学的常规手段。地球约从46亿年前诞生以来，气候和环境一直在持续地变化，太阳演变、火山活动、地壳运动、天体陨击、大气和海洋的形成与变化、生命出现等致使地球成为一个活跃的和动态的行星，空间探测有助于认识、了解和预测地球演化的走向和前景。

［五、引人注目的红色行星——火星］

太阳系八大行星之一。从地球上看，颜色最红的行星。"Mars"是罗马神话中的"战争之神"，中国古代称"荧惑"，西汉之后始称火星。

公转和自转　火星与太阳之间平均距离为1.5237天文单位(AU)。火星公转轨道的偏心率较大，e 为 0.09。与太阳距离的变化幅度是：近日距 1.38AU，远日距 1.67AU。与地球距离的变化幅度更大：近地距 0.38AU，远地距 2.67AU。所以，火星的亮度能从最近时的 –2.9 视星等变到最暗时的 +1.8 视星等，二者相差约 75 倍。

在火卫一上看火星
（喻京川的太空美术画）

火星的反照率很小，为 0.16，低于金星（0.72）和地球（0.39），仅略高于水星（0.06）。公转轨道面与黄道面的倾角为 1.85°，所以火星总是在地球的夜空沿着天球上黄道运行。公转的平均轨道速度 24.13 千米 / 秒。公转周期 686.9 个地球日，略小于两个地球年。火星的赤道与公转轨道的倾角 25.19°，和地球的黄赤交角 23.45° 近似，所以火星也有类似的四季现象，只是每季的长度要比地球的多出约一倍。每当地球运行到太阳和火星轨道之间，太阳和火星的黄经相差 180° 之际，称为火星冲日。此刻的火星方位称为冲。地球每隔 764 ～ 806 日，平均 780 日，一遇火星冲日，此时火星距地球较近，可从日落到日出整夜呈现在星空，是观测最佳时候，亮度约是天狼星的 3.5 倍。若冲日时火星位于近日点，称为大冲，约隔 15 ～ 17 年一遇。最近的一次大冲在 2003 年 8 月 29 日。若大冲时又逢地球位于远日点，此时地球和火星的距离最近，称为最近距大冲，为难得一遇的罕见天象。

理化状况　火星赤道半径 3396 千米，为地球的 53 ％。质量约为地球的 11 ％。体积约为地球的 15 ％。火星椭率为 0.0069，在四个类地行星（水星、金星、地球和火星）中是最为扁椭的一个。平均密度 3.93 克 / 厘米 ^{3}，比地球的（5.97 克 / 厘米 ^{3}）小。赤道表面的重力加速度 3.73 米 / 秒 ^{2}。赤道表面上物体

的逃逸速度 5.0 千米／秒，比地球的 (11.2 千米／秒) 小得多。火星具有稀薄的大气，平均气压为 5.6 毫帕，仅约为地球的 1/1000。大气内二氧化碳占 95％、氮 2.7％、氩 1.6％，其余是微量的氧、一氧化碳、水蒸气、臭氧、氦、氖等。火星表面赤道附近夏季的最高温度可达 300K(27℃)，记录到的最低温度是 145K(-138℃)，全球表面年平均气温 210K(-63℃)，比地球的 286K(13℃) 低许多。火星呈红黄色。地表土壤含有大量氧化铁，受紫外辐射作用生成红黄色氧化物，大气中又悬浮红黄色微尘。除了极区覆盖白色极冠外，没有任何植被，远观火星是一个红黄色天体，近看火星表面为一片红黄色的荒芜不毛之地。随时可刮起时速达 400 千米、扬尘高 60 千米的大尘暴。空间探测确认具有极为微弱的磁场，场强仅及地球的 1/1000。没有检测到磁层。

空间探测 20 世纪 60 年代初到 2008 年，共进行约 40 次努力，其中约 20 次实现了对火星的飞掠、环行或着陆。美国在 60 年代发射的"水手"行星际探测器系列中，4 号、6 号、7 号和 9 号实现了地形和地貌的成像和测绘，大气成分、气压、水蒸气含量、气温、重力等的测定，提供了第一批近距离实测信息。美国的"海盗"1 号和 2 号于 1976 年先后实现了环火星考察和着陆探测。

环火星飞行器拍摄地形图，测绘温度分布图。着陆无人实验装置进行分子测定和无机化学分析，实验结论是在南北半球各一个着陆点地区的地表和土壤中现在没有任何形态的生命迹象。此外，还完成了气候、地磁和地震的测量。美国的"火星全球勘测者"(MGP) 和"火星探路者"(MPF) 这两个空间探测器于 1996 年先后升空，次年飞临火星。MGP 在随后的一年多期间进行地貌摄像和地形雷达测绘，直到 1999 年 3 月勘测终止。摄像分辨率 3 米，优于以前的成就；测高的垂直精度 5 米，也优于已有的最佳值。MPF 于 1997 年 7 月到达火星上空后，投下自动行走考察装置"旅居者"。两个多月内行进了数百米，拍摄并送回 16000 幅近景和远景图像。地貌特征显示在火星的早期演化史中曾经有过大洪水事件。21 世纪第一个成功运作的火星探测器是美国的"奥德赛"号，它于 2001 年 4 月升空，

10 月飞临火星成为环火飞行器，2002 年进入环火近圆轨道，开始历时 1 个火星年（约合 2 个地球年）的考察。主要使命是勘察地表矿物的化学成分，并寻找岩石内可能有的蓄水。2003 年 6 ～ 7 月，3 个火星探测器——"猎兔犬 -2"号（欧盟）、"勇气"号（美国）和"机遇"号（美国）踏上探测火星之旅。它们于 2004 年 1 ～ 2 月相继飞临火星，其中"勇气"号和"机遇"号实现了软着陆。经过一年多的探索，取得了大量考察资料，但未发现火星表面存在有生命的迹象，也未直接探测到液态水。2005 年 8 月，美国"环火星巡逻者"(MRO) 发射成功，于 2006 年 3 月进入环火星轨道，执行历时 2 个火星年的勘测和考察使命。2007 年 8 月，美国发射"凤凰"号火星车，于 2008 年 5 月在火星北极着陆，经取样分析，确认火星上有水。

"海盗"1 号着陆实验装置降落在火星上

表面特征　17 世纪下半叶，在天文望远镜的光学质量逐步改善的条件下，目视测绘火星表面结构成为天文学家如 C. 惠更斯、G.D. 卡西尼、F. 马拉蒂、F.W. 赫歇耳的一项观测课题。他们根据表面的固定标识测定自转周期，研究极冠的季节消长，记录偶现的大气现象等。近代观测始于 1877 年，那年正逢难得一见的最近距大冲。意大利天文学家 G.V. 斯基亚帕雷利在他目测手绘的星面图上，除了标有前人记录下的类似月面结构的"大陆"、"低地"、"高原"、"洋"、"海"、"山"、"岛屿"、"港湾"等称谓外，还有他观测到的分布在火星表面的"线

条"。由于观测报告的意大利文本中的英文译文的差错，意文的"线条"误成英文的"运河"。从此，引发了火星有智能社会并居有火星人的遐想，并在随后的几十年内出现了诸如火星生物学、火星植物学的研讨。直到20世纪上半叶的地基照相观测和下半叶的空间就近摄像，才最终地确认曾目视得见的"线条"或"运河"完全是视觉效应，根本不存在。空间勘测指出，和地球相比，火星具有更为险峻的地貌，地表的高差一般为5～10千米。遍布环形山，但数目要比月球少得多。南半球密集古老的高低环形山，而北半球较多的则是年轻的火山熔岩平原，南北的平均高差约3千米。火星最大的五个环形山都是火山起源而非陨击坑。奥林波斯火山是太阳系天体上第一大的环形山，高27千米，直径550千米，火山喷口跨径90千米，中深3千米，周壁高6千米。火星有太阳系天体上最长、最深的大峡谷，长达3000千米，深8千米。赤道附近有一巨型隆起地带，长8000千米，高10千米。赤道地区还遍布既长又深的干涸河床。

内部结构　作为一个类地行星，也和地球同样有壳、幔和核三个层分。对它们的认知和推论，主要取自环火星飞行器的勘测、火星的陨星成分分析，以及"海盗"号安放的两台测震仪的实测。表壳平均厚度40～150千米，含硅、铝和镁。地幔厚度1500～2100千米，比地球厚。内核半径1300～2000千米，为火星半径的38%～59%，主要成分可能是硫化铁。

生命探测　由于自然环境和条件与地球接近，百年来始终被认为是搜索地外生命的首选行星，也是拟议第一个登临月球以外的天体。20世纪80年代，在南极大陆搜集到一块重1.9千克的陨石ALH84001，经过化学和放射学分析及同位素纪年，于1996年确认它来自火星。研究表明，这块年龄约为40亿年的火星岩石，1600万年前曾遭陨击并飞溅到行星际空间，13000年前偶遇地球后陨落在南极地区。ALH84001的微观结构显示可能含有原始生命的迹象。这个结论迄今尚未得到公认。寻找火星是否曾出现和繁衍过生命一直是空间探测的首选课题之一。2008年6月，"凤凰"号火星车确认火星有水，寻找火星生命的工作迈开重要的一步。

火星卫星　火星有火卫一 (Phobos) 和火卫二 (Deimos) 两个卫星。它们是 1877 年火星大冲时美国天文学家 A.霍尔用望远镜目视观测所发现。火卫很暗弱，亮度分别为 11.3 和 12.4 视星等。利用火卫的轨道观测资料，霍尔第一个精确地推算出火星质量，与今日公认资料的差值小于 0.1%。它们离火星很近，火卫一的轨道半长轴仅是火星半径的 2.76 倍，火卫二的是 6.92 倍。这两个卫星都以近圆轨道沿火星的赤道面运行，轨道速度分别是 214 千米 / 秒和 1.36 千米 / 秒。公转周期分别是 7 时 39 分和 30 时 18 分。它们也与月球一样，自转周期和公转周期相等。由于火卫一的公转周期比火星的自转周期还短，在火星的天空上火卫一每日西升东落两次。它们的大小分别为 13.4 千米 ×11.1 千米 ×9.3 千米和 7.5 千米 ×6.2 千米 ×5.4 千米。它们的外形不规则，布有环形山。火卫一上的三个最大的陨击坑大小分别为 10 千米、5 千米和 5 千米。火卫二的环形山密度小些，最大的一个跨径 3 千米，还有一大块鞍状低槽地，长 10 千米，也像是源于陨击。二火卫的密度分别是 1.90 克 / 厘米^3 和 1.70 克 / 厘米^3，质量仅及月球的 $0.15×10^{-6}$ 和 $0.24×10^{-7}$，与作为卫星的月球反差太大。它们的反照率是 0.071 和 0.068。从大小、形状、密度、质量和反照率等几个参数来看，火卫更像是富碳的 C 型小行星。据推测，火卫一和火卫二可能都是早期岁月被火星俘获的小行星。

[六、八大行星中最大的一颗星——木星]

　　太阳系八大行星之一。太阳系中最大的行星。西名"Jupiter"是罗马神话中的主神，中国古代称"岁星"，西汉之后始称"木星"。"冲日"时亮度达 −2.9 视星等，是夜空最亮恒星天狼星亮度的 3.5 倍。

　　公转和自转　木星与太阳之间平均距离约为 5.2 天文单位 (AU)。木星公转轨道在小行星带外侧，是外太阳系中离太阳最近的一个行星。木星轨道偏心率 e 为

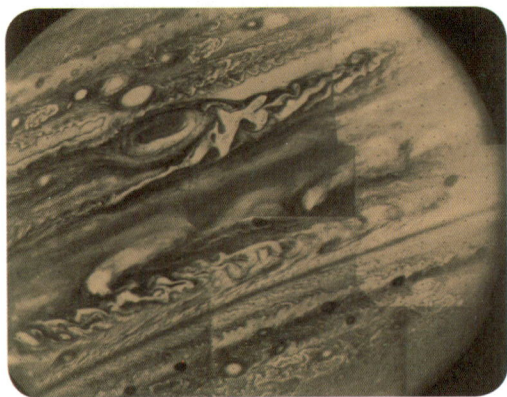

木星大气的复杂结构
（拼合照片，最小细节的宽度为 140 公里）

0.05。与太阳距离的变化幅度是：近日距为 4.95AU，远日距为 5.45AU。公转轨道和黄道面的夹角 1.30°，所以在天球上木星的运行轨迹与黄道的偏离很小。平均轨道速度 13.06 千米 / 秒，不及地球的（29.79 米 / 秒）一半。公转周期是 11.87 个地球年，约为 4330 个地球日。木星赤道面与公转轨道面的倾角很小，等于 3.12°，在八行星中仅略大于水星的轨道交角。由于公转轨道和赤道与黄道的倾角都很小，所以在地球上总是以很小的视角侧看木星的极区。木星自转周期为 9 时 50 分至 9 时 56 分，是自转速率最快的一个大行星。

理化状况　木星是类木行星的典型代表。赤道半径 71492 千米，约为地球的 11.2 倍。由于自转快，赤道半径明显大于极半径，椭率 0.062。质量约为地球的 318 倍，超过除太阳外的太阳系其他天体质量的总和。在大气压 1 帕处的表面重力加速度 24.8 米 / 秒^2，逃逸速度约 60 千米 / 秒，也都是八行星中最大的。体积约为地球的 1318 倍，超过其他三个类木行星（土星、天王星和海王星），平均密度很低，仅为 1.31 克 / 厘米^3，不及地球的 1/4。它与类地行星大不相同，成分主要是氢、氦等轻元素。木星大气厚达 1000 千米，但和巨大的体积相比，仍只能算是薄层。大气中氢占 89%、氦 11%、甲烷（CH_4）0.2%。大气上层接受的太阳热量为地球的 3.7%，气温约 -140 ～ -150℃。反照率为 0.52。

"大红斑"　早在伽利略时代，天文学家即发现南北两半球上沿赤道带分布的、形态多变的条带状和斑纹状的云系，风暴的时速达 300 ～ 500 千米。1664 年，旅法意大利天文学家 G.D. 卡西尼 (1625 ～ 1712) 首次用长焦距折射望远镜观测到位于木星南半球的椭圆形"大红斑"。"大红斑"的宽度相当恒定，约有 14000 千米，

但长度在几年内就能从 30000 千米变到 40000 千米。21 世纪初，又观测到一个形体略小的红斑，称为"小红斑"。现公认"大红斑"和"小红斑"都是个风暴气旋，但对其长达几百年的持续机制知之甚少。在八行星中，木星拥有最强的磁场，表面场强是地球的 14 倍，磁矩是地球的 20000 倍。还有最强大的磁层、广袤的辐射带、壮丽的极光，并且是很强的分米波和十米波射电源。推测核心处为一个半径约只有木星半径 5％的铁－硅核，温度达 30000K。其外是厚度达木星半径 60％的液态金属

木星大红斑附近区域的复杂流体结构

氢壳层，再往外是厚度占木星半径 35％的液态分子氢壳层。金属氢和分子氢的过渡区温度约 11000K，压力达 300 万个地球大气压。最上层则是木星大气，厚度达 1000 千米，但与行星半径的尺度相比还只能算是一薄层。

木星环　为"旅行者"1 号行星际探测器于 1979 年飞掠木星时发现，是继土星和天王星之后，观测到的第三个拥有环系的行星。环系由亮环、暗环和尘环三部分组成，又窄又薄，离木星又近，绕转木星一周约需 7 小时。整个环系的宽度约 9000 千米，约为木星半径的 12％。亮环宽 5700 千米，不足木星半径的 8％。除尘环和暗环外，亮环厚度仅 1 千米，由尘粒和水冰组成，反照率很低，可能小于 0.05。与借助小型望远镜即可目视得见的土星光环不同，即使用最大的地基光学天文望远镜也观测不到木星环。

木星卫星　木星拥有成员众多的木卫族。最大的四个卫星是伽利略在 1610 年用他手制的折射望远镜首次观察木星时发现的，按与木星的距离由近及远，它们是木卫一（Io）、木卫二（Europa）、木卫三（Ganymede）和木卫四（Callisto），

后世称之为伽利略卫星。最大的木卫三（直径 5270 千米）比水星还大。木卫四（直径 4800 千米）和木卫一（直径 3640 千米）虽比水星小些，但都大于月球。最小的木卫二（直径 3130 千米）仍大于矮行星冥王星。木卫一离木星太近，在强大引力作用下变成椭球状，还不时有猛烈的火山喷发。木卫二的表面是一层冰水圈，或许有某种形态的生命。木卫三的地貌显示曾经历过激烈的板块活动，或许有过水，它也被视为可能具备生命诞生条件的天体。伽利略卫星因其质量大和体积大，称为行星型卫星。到 20 世纪末，观测到的木卫已有 16 个，其中木卫五 (Amalthea)、木卫六 (Himalia)、木卫十四 (Thebe) 和木卫十五 (Adrasteia) 是直径 60 ～ 125 千米的中型卫星。进入 21 世纪，借助巨型地基光学望远镜和哈勃空间望远镜，又新发现许多直径只有几千米的小型卫星，到 21 世纪初已知的木卫总数达 63 个。这些小木卫的轨道椭率大，与木星的赤道面夹角大，绕木星运行的方向既有逆行也有顺行，可能多是被木星俘获的小行星。

从木卫一看木星

空间探测　迄今已有六个行星际探测器造访或顺访过木星。"先驱者" 10 号和 11 号探测器：前者 1972 年发射，1973 年顺利穿过小行星带，同年飞掠木星。

拍摄了一批木星、"大红斑"、木卫二、木卫三和木卫四的照片，并测量了辐射带的范围和强度。后者 1973 年发射，次年飞临木星南极上空，随后以高速奔向土星继续考察。"旅行者"1 号和 2 号探测器：两个探测器于 1977 年先后升空，它们在 1979 年顺次飞临木星，近距离考察木星、伽利略卫星和木卫五，"旅行者"1 号还首先发现木星环系，并送回大量有关行星际等离子体、低能荷电粒子、宇宙线和木星射电的信息。"伽利略"号木星探测器：于 1989 年由航天飞机送入太空。1994 年在驶向外太阳系之际，正值出现彗木碰撞事件，"伽利略"接受临时的额外任务，从地基天文台和哈勃空间望远镜都不可能有的视角，及时而出色完成观测使命。1995 年飞抵木星区域，在成为第一个绕木星运行的人造天体的同时，将一个子探测器投下一路测量温度和气压，历时 1 小时多，行程 610 千米。"伽利略"探测器则按指令直到 2001 年初已取得了大量有关木星大气结构、云系动态、磁层环境等资料，以及伽利略卫星的近距离图像。2002 年 11 月，在超额完成探测计划后陨落木星大气深处。"卡西尼"土星探测器：1997 年升空，在飞往土星时，于 2002 年年底在途中按指令顺便考察了木星。

[七、最美丽的行星——土星]

太阳系八大行星之一。用小型光学望远镜能明显看清带有光环的行星。西名"Saturn"是罗马神话中的"农神"。中国古代称"镇星"，也称"填星"。西汉之后始称"土星"。"冲日"时亮度为 -0.5 视星等，约为织女一（天琴 α）亮度的 1.5 倍。

公转和自转　土星与太阳之间平均距离约为 9.6 天文单位 (AU)。土星的轨道偏心率 e 为 0.06。与太阳距离的变化幅度是：近日距 9.01AU，远日距 10.07AU。公转轨道面和黄道面的夹角 2.49°，在 4 个类木行星中是最大的一个。平均轨道速

远见土星系

度 9.67 千米 / 秒，为木星速度的 74％。公转周期约为 29.4 个地球年。土星赤道面和公转轨道面的倾角 26.73°，比地球的黄赤交角略大些，地球上能够以较大的视角交替地侧视土星南北两极。土星自转很快，自转周期 10 小时 39 分钟，仅略比木星慢些。

理化状况　土星赤道半径 60268 千米，约为地球的 9.4 倍。质量约为地球的 95 倍。体积约为地球的 744 倍。椭率为 0.098，为八行星中最扁椭的一个。土星是 4 个非岩石表面的类木行星之一，由于自转速率快，沿赤道带得见条带状云系。反照率为 0.47，和木星的 0.52 近似。在大气压力 1 帕处的表面重力加速度 9.1 米 / 秒^2，远小于木星的 24.8 米 / 秒^2。赤道带逃逸速度 35.5 千米 / 秒，也比木星 60 千米 / 秒的小。土星的平均密度 0.70 克 / 厘米^3，可以"浮于水"，它是太阳系中唯一轻于水的天体。土星大气中氢占 94％，氦占 6％，水和甲烷等仅为微量。大气上层接受的太阳热量相当于地球的 1.1％，气温约为 -160 ～ -170℃。推测土星有一岩石态内核，半径约 5000 千米。内核之外是 5000 千米厚的冰层，往外是 8000 千米厚的金属氢区，再外是宽度为 36000 千米约占土星半径 60％的分子氢区，最上

则是厚 500～800 千米的大气。土星赤道带附近经常有云气旋，其中最大的一个卵形气旋，名为"大白斑"，长度约 5000 千米，小于木星的"大红斑"，但有时也会伸展到接近土星直径长度的规模。

土星环 (Saturnian ring)　伽利略于 1610 年最早用小型望远镜观察发现，直到 1650 年才经 C. 惠更斯借助长焦距望远镜证实。地基观测和空间探测确认，环系共有 5 "环" 和 4 "缝"，它们分别是 C、B、A、F 和 G5 环，"法兰西"、"卡西尼"、"恩克" 和 "先驱者" 4 缝。环系沿土星赤道面绕土星运转。最靠近土星的是 C 环，内边缘离土星中心约 1.2 个土星半径；最靠外的是 G 环，外边缘伸展到距土星中心 10～15 个土星半径处。环系由厘米级和米级大小的冰质块体组成，反照率约 0.5～0.6，显得很亮。由于土星的黄赤交角达 26.73°，所以在土星公转一周期间得以交替地观察到环系的北面即上面和南面即下面。最近的一次以最大的倾角展现北面在 2003 年，将于 2019 年看到最大倾角的南面。土环很薄，除既弥散又黯淡的 F 环和 G 环外，厚度仅约 1 千米。每逢环系平面处在视线方向时，土环就会在几个小时内完全消失。

土星卫星　到 2006 年中，已观测到卫星 56 个。第一个土卫泰坦 (Titan) 于 1655 年由 C. 惠更斯发现，19 世纪经排序定名为土卫六。17 世纪 70～80 年代 G.D. 卡西尼发现了土卫三 (Tethys)、土卫四 (Dione)、土卫五 (Rhea) 和土卫八 (Iapetus)。18 世纪 F.W. 赫歇耳记录到土卫一 (Mimas) 和土卫二 (Enceladus)，而土卫七 (Hyperion) 则是 W.C. 邦德于 1848 年确认的。除土卫九 (Phoebe) 外，其余的都是 20 世纪以来为地基大型光学望远镜和空间探测器所发现。土卫六是一个行星型卫星，直径 5150 千米，略小于木卫四，是太阳系中第二大卫星。土卫一、二、三、四、五、七和八是直径 200～800 千米的大型卫星。土卫九以及其余 21 个均为小于 120 千米的小型卫星。土卫六绕土星运转一周 15.9 个地球日，它是已知唯一一个有大气的卫星。质量为地球的 2.2%，体积是地球的 6.5%。平均密度 1.88 克 / 厘米³，只及地球的 34%。表面重力 1.35 米 / 秒²，约为地球的 14%。表面气压 1.45

帕，比地球的略高。大气成分主要是氮、甲烷、氢等。地表覆以水冰，也许会有某种形态的生命。

空间探测　迄今已有 3 个行星际探测器考察过土星。"先驱者"11 号探测器：于 1974 年 12 月飞掠木星后历经 5 年的跋涉终于 1979 年驶抵土星，发送回 440 幅土星云系、大白斑、土环、土卫的近景图像，发现并测定土星的磁场。"旅行者"1 号和 2 号：先后于 1980 年和 1981 年考察土星，用射电天文方法精确地测定自转周期，更新了这一基本数据。搜集了有关大气组成、内部结构、环系、卫星、磁场、磁倾角、磁层的信息，还探测了外太阳系空间的等离子体、低能荷电粒子和宇宙线。"卡西尼"土星探测器是第四个：1977 年发射上天，在飞掠金星、地球和木星之时前后共 4 次获得提速后，于 2004 年 7 月与土星会合，进入环绕土星轨道，成为第一个土星的人造卫星探测器，并于 2005 年 1 月，将"惠更斯"自动实验装置投向土卫六，穿过云层，实现软着陆，开展了就地勘查，搜索外星生命信息。"卡西尼"则进行为期 4 年的连续飞行探测，到 2008 年预期近距拍摄土星大气、环系和土卫的图像总计 50 万帧。

[八、第一颗使用天文望远镜发现的行星——天王星]

太阳系八大行星之一。1781 年，由旅英德国天文学家 F.W. 赫歇耳巡天观测时发现。天文界按以古代神话人物命名行星的传统称为"Uranus"，意为"天王之神"。中国天文学家取其译名为天王星。亮度 5.7 ～ 5.9 视星等，用小型望远镜可见，最亮时达 5.5 视星等，肉眼勉强得见。天王星是第一个用望远镜发现的大行星，将太阳系的领域从直径约 20 个天文单位 (AU) 扩大到近 40AU。

公转和自转　天王星与太阳之间平均距离约为 19AU。天王星的轨道偏心率 e 约为 0.05，与太阳距离的变化幅度是：近日距 18.28AU，远日距 20.09AU。公转轨

《中国大百科全书》普及版 · 巡天遥看一千河——无垠的宇宙

xuntianyaokanyiqianhe wuyindeyuzhou

道和黄道的夹角 0.77°，在四个类木行星（木星、土星、天王星和海王星）中是最小的一个。平均轨道速度 6.83 千米 / 秒，仅及木星运行速度的一半。公转一周需时 83.75 个地球年，自发现以来只过了 2.6 个天王星年。自转周期 17 小时 14 分钟，是四个类木行星中速率最慢的一个。天王星的赤道面和公转轨道面的倾角 97.92°，它与黄赤倾角 177.4° 的金星逆向自转不同，而是侧向自转，在八大行星中是独一无二的，形成另类的昼夜交替和季节变化。由于自转轴贴近公转轨道，天王星公转一周期间，每隔约 21 个地球年自转轴就从和

从天王星卫星上看天王星
（喻京川太空美术画）

公转轨道一顺变成沿轨道面转个 90°，再过约 21 个地球年又变成一顺。太阳就这样轮流照射它的北极、赤道、南极和赤道。每一天王星昼和每一天王星夜都要历经近 42 个地球年才交替变换一次。太阳照射的极区，日不落，无黑夜，是夏季；而背向太阳的极区，日不升，永黑夜，是冬季。只在赤道附近南北纬度 8° 的区间地带才有昼夜变化。

　　理化状况　天王星赤道半径 25559 千米，约为地球的 4 倍，比海王星（24760 千米）略大。整体近似球状，椭率为 0.023，远比明显扁椭的木星和土星的椭率（0.062 和 0.098）小。体积约为地球的 47 倍。按大小在四个类木行星中排第三。平均密度 1.27 克 / 厘米^3，比海王星的（1.64 克 / 厘米^3）小。质量比体积大些的海王星的小，约为地球的 15 倍。质量是类木行星中最小的一个。气压 1 帕处的表面重力加速度 8.86 米 / 秒^2，赤道带逃逸速度 21.3 千米 / 秒。反照率为 0.57，是类木行星中最大的。大气的主要组成是氢（83%）、氦（15%）、甲烷（2%）等。大气上

层接受的太阳热量相当地球的 0.27%，气温 -200 ～ -210℃。估计内部结构分三层，最内是岩核，中间是冰层，上面是分子氢层，最外是大气。

天王星环　1977 年 3 月 10 日，地球上得见一次天王星掩星的较为罕见的天象。当时，天上有柯伊伯机载天文台 (KAO)，地上有包括中国科学院国家天文台兴隆观测站在内的一些天文台，用光学-红外望远镜进行了观测。掩星的实测资料显示，天王星有一个由多条环带组成的环系，这是继近 400 年前证实土星有光环之后，发现的第二个有环系的行星。1986 年，"旅行者" 2 号行星际探测器在飞掠天王星时，拍摄到天王星环系的近景图像，环带共有 10 条，大多数为 1 ～ 10 千米宽的窄带，由厘米级和十厘米级的岩石组成，反照率很低，约为 0.02，多呈暗黑色。内环的内侧到天王星中心的距离约为 1.6 个天王星半径，外环的外侧距中心约 2.0 个天王星半径。环系的总宽约 1000 千米。由于环系沿天王星赤道面伸展，在天王星绕日运行时也同样从与轨道面一顺，变成与之垂直，又变成一顺，再变回垂直。这一景观也是太阳系中仅有的。

天王星卫星　至 2006 年中，已发现天王星卫星 27 个。1787 年，赫歇耳在他发现天王星 6 年之后，检测到两个天王星卫星，即天卫三和天卫四。到 1851 年，英国天文学家 W. 拉塞尔又观测到天卫一和天卫二。又过了近百年，G.P. 柯伊伯于 1948 年发现了天卫五。前四个天卫直径在 1100 ～ 1600 千米，相当月球直径的 30% ～ 45%，第五个直径 480 千米，它们都是大型卫星。1986 年 "旅行者" 2 号考察天王星时，探测到 10 个前所未见的新卫星。此后，大型地基光学望远镜和哈勃空间望远镜又检测到 6 个。天卫六到天卫二十七都是直径只有几十千米的小卫星。天卫大多沿近圆轨道在天王星赤道面近处绕转。当随同天王星绕日运行时，天卫也有和环系类似的表现，即在一个天王星年内，天卫轨道从与天王星公转轨道面一顺，变成与之垂直，又变成一顺，再又与之垂直。

空间探测　迄今只有 "旅行者" 2 号于 1986 年进行过近距考察。测定天王星的大气组成、温度和压力，首次取得环系图像，发现一批新卫星，测量磁轴倾角、磁场强度和磁层特征，并修订了有关行星质量、自转周期等基本参数。

[九、"蓝色行星" ——海王星]

太阳系八大行星之一。19世纪40年代，根据英国天文学家 J.C. 亚当斯和法国天文学家 U.-J.-J. 勒威耶各自独立计算的轨道根数，由德国天文学家 J.G. 伽勒于 1846 年 9 月 23 日按勒威耶预期的方位观测发现并证实。欧洲天文界按以古代神话人物命名行星的传统称为 Neptune，意为"海王之神"，中国天文学家

蓝色海王星

取其译名为海王星。至此，太阳系的领域从跨度 40 个天文单位扩大到 60 个天文单位。海王星亮度约 7.8～8.0 视星等，只有借助小型望远镜才能得见。

公转和自转　海王星与太阳之间平均距离约为 30 天文单位 (AU)。海王星的轨道偏心率 e 小于 0.01。与太阳距离的变化幅度是：近日距 29.80 AU，远日距 30.32AU。公转轨道和黄道的夹角 1.77°，比天王星的 (0.77°) 略大些。平均轨道速度 5.48 千米 / 秒，比天王星的 (6.83 千米 / 秒) 慢些。绕日公转周期 164.79 个地球年。从 1846 年发现之日算起，迄今尚未过满 1 个海王星年。自转一周 16 小时 6 分钟，比天王星的 (17 小时 14 分钟) 略快些，但比木星和土星的自转速率慢。海王星赤道和公转轨道的倾角 29.56°，比土星的 (26.73°) 略大些，这也使地球上的观测者能够以较大的视角交替地看到南北两极，但轮回时间要长达 82 个地球年。

理化状况　海王星赤道半径 24776 千米，约为地球的 3.9 倍。椭率 0.017，比外形明显扁椭的木星和土星的（0.062 和 0.098）小，是 4 个类木行星中最近似球形的行星。

质量约为地球的 17 倍。体积约为地球的 40 倍。平均密度 1.64 克 / 厘米 ^{3}，比天王星的（1.27 克 / 厘米 ^{3}）大，赤道半径（地球的 3.9 倍）虽然比天王星的（地球的 4.0 倍）略小些，但质量（地球的 17.1 倍）却大于天王星（地球的 14.5 倍）。在 4 个类木行星中，海王星的大小排第四，而质量排第三。海王星的赤道表面重力加速度 11.00 米 / 秒 ^{2} 比天王星的（8.69 米 / 秒 ^{2}）大些。赤道逃逸速度 23.5 千米 / 秒，也比天王星的（21.3 千米 / 秒）略大。大气的主要成分是氢，其次是氦，还有少量的甲烷。海王星的反照率 0.51，比天王星的 (0.57) 略小。大气上层接受的太阳热量为地球的 0.11%，气温是 –210 ～ –220℃。据推测，内部结构也和天王星类似，大气之下有三层，最上是分子氢层，其下是冰层，内核则是岩态核心。除了自转轴的指向之外，海王星和天王星的其他天文特征、物理性质和化学组成都很相似，是太阳系内的孪生行星。

海王星环　1984 年 7 月的一次海王星掩星的地基光学望远镜的观测资料显示，海王星有环系的迹象。1989 年 11 月，"旅行者" 2 号行星际探测器与海王星会合时，证实其确实存在。至此，太阳系的 4 个类木行星都确有固态颗粒组成的环系。已探测到共有 5 条环带，从里向外是伽勒环、勒威耶环、拉塞尔环、阿拉戈环和亚当斯环。最内环距行星中心 1.68 个行星半径，最外环距 2.53 个行星半径。

海王星卫星　到 2006 年中已发现卫星 11 个。1846 年在发现海王星之后几周，英国天文学家 W. 拉塞尔搜索到海卫一 (Triton)。百年之后，G.P. 柯伊伯于 1949 年发现海卫二 (Nereid)。又过了 40 年，"旅行者" 2 号在拍摄海王星附近图像时搜索到海卫三 至 海卫八 (Naiad、Thalassa、Despina、Galatea、Larissa 和 Proteus)。随着一小批口径 8 ～ 10 米的巨型光学 – 近红外望远镜的建成，沉寂

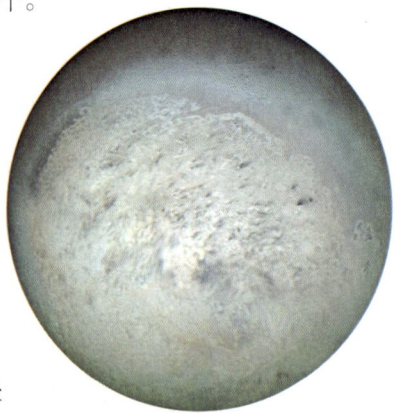

海卫一

10多年后又确认出三个前所未知的海卫,它们都极为暗弱,亮度为24～25视星等。海卫一直径2700千米,小于月球(3480千米),但大于矮行星冥王星(2300千米),为一个大型卫星。已发现海王星的卫星11个。海卫一是已知卫星中最大的一个。

它沿圆轨道绕海王星运转,但运行姿态特殊,绕海王星运行的轨道与海王星公转轨道的夹角为156.8°,以逆向即顺时针方向绕行。并由于海王星的赤道面与公转轨道面的倾角较大(29.56°),致使海卫一地面纬度 +56°～ -56° 区间的日下点(即位于连接天顶处的太阳和海卫一中心的连线的海卫一表面上的一点)纬度产生巨大而复杂的周期变化,形成太阳系天体中最强烈的季节效应。此外,海卫一也具有和月球、伽利略卫星、冥王星等同样的同步轨道,即永远以同一半球朝向海王星。根据海卫一的轨道特征,推测它很可能是被海王星俘获的一个柯伊伯带天体。海卫二直径340千米,是一个中型卫星,其余的9个多是直径小于200千米和只有几十千米的小天体。

空间探测　　"旅行者"2号行星际探测器于1986年探测天王星之后,在1989年飞临海王星。首次取得海王星、环系和海卫的近景图像。发现巨大气旋"大暗斑"。测定磁轴倾角、磁场强度和磁层特征,证实环系存在。检测到六个新卫星,观测到海卫一的火山现象,确认海卫一是地球和木卫一之外第三个有火山活动的太阳系天体,还修订了有关行星质量、自转周期等基本参数。

[十、太阳系的"云雾"小天体——彗星]

1. 彗星的概况

太阳系的一种轨道偏心率高,与黄道面的倾角任意,绕太阳运行方向随机的小天体。它们的固态部分称彗核,成分是冰和不易熔解的物质。当运行在临近内太阳系或太阳附近空间时,蒸发出名为彗发的尘埃包层,并能够挥发由气体和尘埃组成的彗尾。俗称"扫帚星"。中国古代对彗星还有其他称谓，如孛星、星孛、妖星、蓬星、长星、异星、奇星。

认识历程　　直到 19 世纪以前，彗星一直是令人畏惧的天象和不祥的征兆。古代中国传统地认为带有长尾的大彗星的出现总是重大事件的警示。历代的史官和钦天监在史书中，还有地方志内，记录了连续 2000 多年间出现的彗星动态。如哈雷彗星于公元前 613 年的出现，以及随后从公元前 240 年起到 1910 年的连续 29 次回归，均有实时的如实记载；而公元前 1057 年的大彗星还可能是更早的一次回归实录。

伽利略、J. 开普勒、I. 牛顿、E. 哈雷等是最早科学地描述彗星运动的先驱者。为认识彗尾本原作出重大贡献的天文学家先后有 H.W.M. 奥伯斯、F.W. 贝塞尔、G.V. 斯基亚帕雷利、K. 史瓦西等人。而后，P. 斯文思、F. 惠普等天体物理学家对了解彗星的物理结构和化学组成都取得突出成就。

发现和命名　　天文望远镜发明之后，天文学家和天文爱好者都是用望远镜目视寻彗。1892 年开始利用天体照相仪发现和观测彗星等快速移动的天体。20 世纪末，则演进到借助配备 CCD 辐射接收装置和计算机程序管理的大视场望远镜自动搜索彗星和其他移动天体。天文学史中传统地以发现者的姓氏命名，如哈雷彗星、恩克彗星、坦普尔－图特尔彗星。1995 年，国际天文学联合会 IAU 颁布现行的彗星命名法。

彗星运行和彗尾涨缩示意图

《中国大百科全书》普及版◎ 巡天遥看一千河——无垠的宇宙

xuntianyaokanyiqianhe wuyindeyuzhou

首先用前缀为彗星分类。

P/——周期小于 200 年的短周期彗星

C/——周期大于 200 年的长周期彗星

X/——尚不能计算出轨道的彗星

A/——可能是小行星

D/——不再回归的彗星

在前缀之后用 4 位阿拉伯数字表示发现年份，如 1997。随后是发现时的月份，用大写拉丁字母，从 A 到 Y，其中 I 不用。如 B（1 月下半月）、L（6 月上半月）、Y（12 月下半月）。再后是用阿拉伯数字表示的发现累计号，如 1994J3 是指 1994 年 5 月上半月发现的第三个。最后是括号之内的发现者姓氏，如 C/1996B2（百武）。对于短周期彗星还有另一种表示法，即在前缀之前加上彗星表顺序号，如 1P/Halley、36P/Whipple、83P/Wild 3、145P/Shoemaker-Levy 5。

轨道　按 1999 年出版的"彗星轨道表"所载 883 个彗星资料，在 185 个椭圆轨道的短周期彗星中，有 162 个 P<20 年的木族彗，23 个 20<P<200 年的哈雷型彗。另外，347 个为抛物线轨道，213 个为 P>200 年的椭圆轨道，138 个双曲线轨道。其实，彗星并不具有严格意义上的圆锥曲线轨道，它们因受大行星，尤其是木星的摄动，轨道不断演变。

亮度　亮度用星等表示。因彗星并非点源，所以通常用 M_1 表示总目视星等。

$$M_1=H_0+5\lg\Delta+2.5n\lg r$$

在上述经验公式中，H_0 是 1 个天文单位距离处的亮度，Δ 是彗星—地球的距离，r 是彗星—太阳的距离，n 是一个系数，通常等于 3 ~ 4。

结构　彗星通常分彗核、彗发和彗尾 3 个组成部分。彗核：根据雷达探测，小的几千米，大的达 40 千米，密度 0.5 ~ 1.2 克 / 厘米^3，为高度渗透性多孔而松散的物质，色黑灰，典型的反照率为 0.04。彗发：根据分光观测，彗发中的主要原子和离子为 CN、CH、C_2、C_3、NH、NH_2、OH、CO^+。彗尾：按物态有气尾和尘尾之分，气尾的主要成分是 H_2O^+、CO^+、CO_2^+、OH^+ 等分子和离子。

起源 彗星是原始太阳云的残余物，或许还是地球水分子、其他有机分子和生命的来源之一。奥尔特云可能是长周期彗星的发源区，短周期彗星则出自柯伊伯带。木族彗和土族彗都是进入外太阳系后受类木行星摄动而改变原有轨道的产物。半人马型彗星是一种几乎不显彗尾的土族彗，最著名的代表是"喀戎"，它曾被误认为是小行星，并取名 2060 号小行星。1994 年与木星碰撞而陨毁消失的彗星舒梅克－列维 9，在裂碎之前就曾是轨道周期约 10 年的木族彗。若彗星轨道的近日距因受摄作用而演变到小于 2 个太阳半径的长度时，往往会不能绕行通过而是冲入太阳大气。此类天体被称为掠日彗星，非食时的日冕仪观测曾屡有发现，自从太阳空间探测器"索贺"1995 年升空运作以来，每年都记录到以百计的掠日彗星。

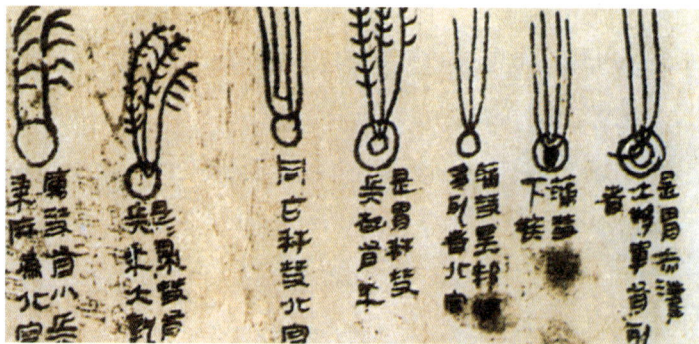

彗星帛画（马王堆汉墓出土）

空间探测 1986 年，哈雷彗星回归时曾有 5 个飞行器对其进行了空间探测，其中欧洲空间局的"乔托"号取得的近距观测资料最为丰厚。1999 年，"星尘"号探测器升空，2001 年飞临周期彗星怀尔德 -2(Wild-2) 附近，用特定研发的设备俘获了彗星挥发的尘埃物质。"星尘"号于 2005 年携带彗星尘埃存储器回归地球。2005 年 1 月，发射了"深度撞击"探测器，于当年 7 月飞临周期彗星坦普尔 -1，释放重量 372 千克的金属锤，以 20 千米 / 秒的相对速度撞击彗核，实现了深度撞击彗星，以期了解彗核地表下层的状况。

2. 哈雷彗星

一个回归周期约为 76 个地球年的短周期亮彗星。1705 年，英国天文学家 E. 哈雷分析了 1531 年、1607 年和 1682 年出现的大彗星的轨道，判断三者为同一彗星的再现，并预期将于 1758～1759 年再次回归后来此彗星果然如期而至，后人遂称之为哈雷彗星。

中国古代最早的哈雷彗星记录为公元前 613 年（春秋鲁文公十四年）。之后，中国天文学家从公元前 240 年至公元 1910 年连续 29 次观测到哈雷彗星回归，均有实时实录。最近的一次回归是 1986 年，下一次将是 2061 年。哈雷彗星的轨道为一偏心率为 0.967 的椭圆；近日距 0.59 天文单位，位于水星和金星轨道之间；远日距 35.31 天文单位，在海王星轨道以外。哈雷彗星最亮时，亮度达 1 星等；彗尾最长时，视角超过 140º，横跨大半个夜空。

1986 年回归期间共有 5 个行星际飞行器实现了空间探测，其中欧洲空间局的"乔托"探测器，近距离取得彗核大小（马铃薯状，长径 15 千米，短径 8 千米）、地貌、自旋（周期 7.4 地球日）、结构（总质量 80％为分子水）等数据和信息。

1910 年回归的哈雷彗星

第二章 探索的脚步

[一、大爆炸宇宙学]

现代宇宙学中最有影响的一种学说。与其他宇宙模型相比,它能说明较多的观测事实。它的主要观点是认为宇宙曾有一段从热到冷的演化史。在这个时期里,宇宙体系并不是静止的,而是在不断地膨胀,使物质密度从密到稀地演化。这一从热到冷、从密到稀的过程如同一次规模巨大的爆发。

根据大爆炸宇宙学的观点,大爆炸的整个过程是:在宇宙的早期,温度极高,在100亿度以上,物质密度也相当大,整个宇宙体系达到平衡。宇宙间只有中子、质子、电子、光子和中微子等一些基本粒子形态的物质。但是,因为整个体系在不断膨胀,结果温度很快下降。当温度降到10亿度左右时,中子开始失去自由存在的条件,它要么发生衰变,要么与质子结合成重氢、氦等元素;化学元素就是从这一时期开始形成的。温度进一步下降到100万度后,早期形成化学元素的过程结束。宇宙间的物质主要是质子、电子、光子和一些比较轻的原子核。当温

宇宙大尺度结构

度降到几千度时，辐射减退，宇宙间主要是气态物质，气体逐渐凝聚成气云，再进一步形成各种各样的恒星体系，成为今天看到的宇宙。

大爆炸模型能统一地说明以下观测事实：①大爆炸理论主张所有恒星都是在温度下降后产生的，因而任何天体的年龄都应比自温度下降至今天这一段时间为短，即应小于 150 亿年。各种天体年龄的测量证明了这一点。②观测到河外天体有系统性的谱线红移，而且红移与距离大体成正比。如果用多普勒效应来解释，那么红移就是宇宙膨胀的反映。③在各种不同天体上，氦丰度相当大，而且大都是 30％。用恒星核反应机制不足以说明为什么有如此多的氦。而根据大爆炸理论，早期温度很高，产生氦的效率也很高，则可以说明这一事实。④根据宇宙膨胀速度以及氦丰度等，可以具体计算宇宙每一历史时期的温度。大爆炸理论的创始人之一 G. 伽莫夫曾预言，今天的宇宙已经很冷，只有绝对温度几度。1965 年，果然在微波波段上探测到具有热辐射谱的微波背景辐射，温度约为 3K。这一结果无论在定性上或者定量上都同大爆炸理论的预言相符。但是，在星系的起源和各向同性分布等方面，大爆炸宇宙学还存在一些未解决的困难问题。

除大爆炸宇宙学外，几十年来还不断提出一些其他宇宙模型，尽管没有得到大多数宇宙学家的认可。其中，H. 邦迪、T. 戈尔德和 F. 霍伊尔于 1948 年提出的稳恒态宇宙理论，以提供了清楚的可以检验的预言而著称，这种宇宙模型的时空几何由德西特模型描述，但物理意义不同。1965 年微波背景辐射发现以后，这个理论沉寂了很长时间，但 1993 年又以修改后的形式（称为准稳恒态宇宙学）重新出现。此外，还有 1961 年 C. 布朗斯和 R.H. 迪克源于马赫原理提出的布朗斯－迪克宇宙论，以及 P.A.M. 狄拉克为解释宇宙学和微观物理学中出现的非常大的无量纲数而提出的理论等宇宙学理论的命运取决于它如何应对观测的挑战。如果说在 20 世纪开始的时候还没有多少观测事实来约束宇宙学理论的话，那么 21 世纪开始的时候，新的越来越精确的观测数据正在源源不断地涌来，只有与这些观测数据拟合最佳者才能立于不败之地。

［二、相对论宇宙学］

1917 年爱因斯坦用广义相对论的结果来研究整个宇宙的时空结构，发表了开创性论文《根据广义相对论对宇宙学所作的考察》。像他多次以一篇论文开创一个领域一样，这篇论文宣告了相对论宇宙学的诞生。在探索宇宙学中爱因斯坦首先指出无限宇宙与牛顿理论之间存在着难以克服的内在矛盾。根据牛顿力学不能建立无限宇宙这一物理体系的动力学，从牛顿理论和无限宇宙这两点出发，根本得不到一个自洽的宇宙模型，因此必然是：或者修改牛顿理论，或者修改无限空间观念，或者二者都加以修改。爱因斯坦放弃了传统的宇宙空间三维欧几里得几何的无限性，根据广义相对论建立了静态有限无界的自洽的动力学宇宙模型。在这个模型中，宇宙就其空间广延来说是一个闭合的连续区。这个连续区的体积是有限的，但它是一个弯曲的封闭体，因而是没有边界的。他在宇宙学的研究中引进用动力学建立宇宙学模型的方法，引进了宇宙学原理、弯曲空间等新概念。而且主张宇宙的体积是无限的或是有限的这个问题，只有依靠科学而不是依靠信仰才能解决。他曾说："科学研究能破除迷信，因为它鼓励人们根据因果关系来思考和观察事物。"因此，无论是同意或反对他的宇宙观念的人，都不能不承认爱因斯坦在宇宙学中写下了十分光辉的一页。

[三、"阿波罗"登月]

1. "阿波罗"计划

20世纪60～70年代美国实施的载人登月工程。计划包括：确定登月方案和登月飞行的辅助计划、研制运载火箭和试验飞行、研制"阿波罗"号飞船，以及实现载人登月飞行。其中辅助计划共有四项研制开发："徘徊者"号探测器（1961～1965年共发射9个绕月飞行器）、"勘测者"号探测器（1966～1968年共发射5个月面软着陆装置）、"月球轨道环行器"（1966～1967年共实现5次环月飞行）和"双子星座"号飞船（1965～1966年共发射10个飞行器）。

"阿波罗"登月飞行从1966年启动。到1968年，"阿波罗"1～6号飞船进行了6次不载人试验性飞行。1968～1969年，"阿波罗"7～10号飞船完成了4次载人飞行。1969～1972

在月球上行走的航天员和月球车

船因服务舱故障中途终止登月任务外，共 12 人实现了登月的壮举。

"阿波罗" 计划完成的登月探测项目计有航天员在月面步行和乘月球车行程总计 26 千米；对月面结构观测、摄像和采样；设置核动力实验站；探测近月空间；安置月震仪、太阳风探测仪、宇宙线探测仪；设置用于激光测距的月面反射器；采集带回月球岩石和土壤样品总计约 385 千克。

2."阿波罗" 号飞船

美国载人登月飞船系列。1966 ～ 1968 年进行了 6 次不载人飞行试验，1968 ～ 1969 年发射了 4 艘飞船进行载人在轨飞行试验。1969 ～ 1972 年共发射了 7 艘载人飞船执行登月任务，其中 6 艘登月成功，共有 12 名航天员登上月球。

"阿波罗" 号飞船由指令舱、服务舱和登月舱 3 部分组成，每次登月载 3 名航天员。登月飞行结束后，返回地球的只有指令舱，3 名航天员均乘指令舱返回。指令舱呈圆锥形，高 3.23 米，底面直径 3.1 米，起飞质量约 5.9 吨。服务舱附在指令舱下端，呈圆筒形，直径 3.9 米，高 7.37 米，舱体质量 5.2 吨，装上推进剂和设备后总质量 25 吨。登月舱由下降段和上升段组成，地面起飞时质量 14.7 吨，宽 4.3 米，最大高度约 7 米。下降段还装有考察月面的科学仪器，下降段在上升段飞离月面时起发射架作用。

登上月球的航天员在月面开展了一系列实地考察工作，包括采集带回地面的月球土壤和岩石标本，在月面建立核动力科学站，进行驾驶月球车试验，实地拍摄了月面照片等。

"阿波罗" 11 号飞船登月飞行　1969 年 7 月 16 日由"土星" 5 号火箭运载"阿波罗" 11 号飞船升空。第三级火箭熄火时将飞船送至环绕地球运行的低高度停泊轨道。第三级火箭第二次点火加速，将飞船送入地－月过渡轨道。飞船与第三级火箭分离，飞船沿过渡轨道飞行 2.5 天后开始接近月球，由服务舱的主发动机减速，使飞船进入环月轨道。航天员 N.A. 阿姆斯特朗和 E.E. 奥尔德林进入登月舱，驾驶登月舱与母船分离，下降至月面实现软着陆。另一名航天员仍留在指挥舱内，继续沿环月轨道飞行。登月航天员在月面上展开太阳电池阵，安设月震仪和激光反射器，采集月球岩石和土壤样品 22 公斤，然后驾驶登月舱的上升级返回环月轨道，与母船会合对接，随即抛弃登月舱，起动服务舱主发动机使飞船加速，进入月－地过渡轨道。在接近地球时飞船进入再入走廊，抛掉服务舱，使指挥舱的圆拱形底朝前，在强大的气动力作用下减速。进入低空时指挥舱弹出 3 个降落伞，进一步降低下降速度。"阿波罗" 11 号飞船指挥舱于 7 月 24 日在太平洋夏威夷西南海面溅落。

"阿波罗" 11 号的美国宇航员
之一奥尔德林在月球表面

"阿波罗" 11 号登月舱在月球着陆

"阿波罗" 12～17 号飞船　从 1969 年 11 月至 1972 年 12 月，美国相继发射了"阿波罗" 12、13、14、15、16、17 号飞船，其中除"阿波罗" 13 号因服务舱液氧箱爆炸中止登月任务（两名航天员驾驶飞船安全返回地面）外，均登月成功。"阿波罗" 12 号从环月轨道上将登月舱上升级射向月面，进行了人工"陨石"撞击试验，引起月震达 55 分钟。"阿波罗" 15 和 16 号在环月轨道上各发射出一颗环绕月球运行的科学卫星。"阿波罗" 15、16、17 号的航天员都曾驾驶月球车在月面活动和采集岩石。彩色摄像

"阿波罗" 16 号飞船的航天员和月球车

不丹的"阿波罗 17"登月立体摄影邮票

机和通信设备将航天员驱车巡游月面和登月舱从月面起飞的情景实时传回地球。在返回地球途中,航天员还出舱进入太空,把相机和其他设备收回舱内。

[四、哈勃空间望远镜]

美国国家航空航天局和欧洲空间局联合研制的口径 2.4 米的光学-近红外望远镜,以观测宇宙学奠基者、美国天文学家 E.P. 哈勃的姓氏命名。于 1990 年发射升空,在环地轨道上运行。1993 年、1997 年、1999 年和 2001 年 4 次按计划进行过维修及更换新的元器件和附属仪器。HST 在 10 多年间成功地运作和观天,发现了为数众多的新天象,取得了大量高质量的观测资料,据此完成了大批研究成果。如揭示 100 亿~130 亿光年以外宇宙早期和极早期的天象,发现致使宇宙

飞行中的哈勃空间望远镜

加速膨胀的暗能量，修订计量宇宙距离尺度的哈勃常数，观测到许多形态各异的恒星诞生区、褐矮星、双小行星，发现众多的类木行星的卫星等。

[五、"联盟"号飞船]

俄罗斯（苏联）第三个载人飞船系列。能乘坐 3 名航天员，具有轨道机动交会和空间对接能力。它既能自主飞行，为载人空间站接送航天员，在对接后又可作为空间站的构件舱和它联合飞行。从 1967 年 4 月至 2001 年年底，共发射了 88 艘飞船。其中，"联盟"号 40 艘，"联盟"T 号 15 艘，"联盟"TM 号 33 艘。

"联盟"号飞船由近似球形的轨道舱、钟形返回舱和圆柱形服务舱组成。飞船的最大直径 2.7 米，总长 7.5 米，起飞质量约 6.8 吨。轨道舱直径近 2.3 米，起飞质量约 1.2 吨，内部容积 4.9 立方米，分隔成工作区和生活区两部分，是航天

"联盟"号飞船家族

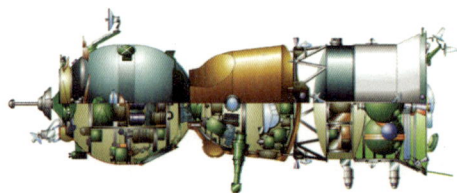

"联盟"号载人飞船

1975 年 7 月 15 日"阿波罗－联盟"号飞船对接

员在轨道上工作和生活的场所。返回舱底部直径约 2.3 米，长约 3 米，起飞质量约 2.8 吨，内部容积 4 立方米。"联盟"号飞船单独自主飞行时间 3～30 天，对接在空间站上的飞行时间 120 天。

"联盟"号载人飞船已发展了三代。第一代"联盟"号，主要用于试验载人飞船与空间站的交会、对接和机动飞行，为使"联盟"号成为运送航天员到载人空间站和接回他们的载人运输器打下坚实的基础；第二代"联盟"T 号，改进了座舱设施，提高了生命保障系统的可靠性和生活环境的舒适性；第三代"联盟"TM 号，改进了交会、对接、通信、紧急救援和降落伞系统，增加了有效载荷。"联盟"TM 号飞船起飞质量约 7 吨，长约 7 米，翼展 10.6 米，可载 3 名航天员和 250 千克货物。改进最大的是对接系统，可以使飞船在任何姿态下与"和平"号空间站对接。

[六、黑洞]

广义相对论所预言的一种特殊天体。

基本特征　具有一个封闭的视界。视界就是黑洞的边界，外来的物质和辐射可进入视界内，并被撕碎和高度凝聚；视界内的任何物质和辐射都无法跑到外面。黑洞的引力和潮汐力异常巨大。

理论预言　1798 年，P.-S.拉普拉斯曾根据牛顿引力理论预言存在一种类似于黑洞的天体。他的计算结果是，一个直径比太阳大 250 倍而密度与地球相当的恒星，其引力场足以捕获它所发出的所有光线，而成为暗天体。1939 年，J.R.奥本海默等根据广义相对论证明，一个无压的尘埃球体，在自引力作用下将能坍缩到它的引力半径的范围以内。引力半径 $r_g = 2GM/c^2$。式中 G 为万有引力常数，c 为光速，M 为球体的总质量。一个太阳质量的恒星其引力半径约为 2.96 千米。当物质球坍缩到半径为 r_g，这个球体所发射的光线或其他任何粒子，都不能逃到 r_g 球以外，这就形成黑洞。对晚期致密恒星的研究证明，存在一临界质量 M_c。一个大质量恒星在引力坍缩后，如果其留下的致密星体质量 $M > M_c$，它就不可能有任何稳定的平衡态，而只能形成黑洞。理论计算表明，M_c 的大小约为 3.2 个太阳质量。形成黑洞以前的恒星物质可有各种不同的属性，但它一旦形成稳定的黑洞以后，其所有的属性几乎都不再能被观测到。黑洞的性质只要用三个参数就可完全表征。这三个参数是质量 M、角动量 J 和电荷 Q。这表明黑洞对外仅有引力和电磁力两种相互作用。黑洞的磁矩可用 $m = QJ/M$ 来表征。当 $J = Q = 0$ 时是球对称的史瓦西黑洞；当 $Q = 0$ 时是轴对称的克尔黑洞。黑洞的一个重要物理参量是它的视界的面积 A，其值为（在 $c = G = 1$ 单位系）：

$$A = 8\pi[M^2 + M(M^2 - a^2 - Q^2)^{1/2} - Q^2/2]$$

式中 $a = J/M$。A 的基本性质是，黑洞的演化过程（如通过与物质相互作用，或黑洞之间的相互作用）中，它的面积总不减少，这称为面积不减定理。它是物质只能进入黑洞而不能跑出黑洞这一特性的定量表述。面积不减定理类似于热力学中的孤立系熵不减原理。因此，黑洞的面积相当于黑洞的熵。在这个基础上建立了黑洞热力学。黑洞热力学的一个结论是，黑洞具有一定的温度，其值与黑洞的质量成反比。1974年，S.W.霍金证明，如果考虑到黑洞周围空间中的量子涨落，则黑洞的确具有与它的温度相对应的热辐射。计及量子效应后，黑洞不再是完全"黑"的了它也会发射，甚至出现剧烈的爆发。

类别　黑洞按其体积可分为大、中、小三类。很多证据表明，中型黑洞是大质量恒星在生命终结时，经历爆发、内陷和坍缩后留下的，它是恒星晚期演化的一种归宿。而大型黑洞则存在于很多星系的核心中，包括银河系。小黑洞是一种原初黑洞，可能形成于宇宙早期。寻找黑洞是相对论天体物理学的重要课题。完全孤立的黑洞难于观测，因为它们不发射光或任何形式的辐射，只能根据它与其周边物质相互作用时产生的各种效应来预测其存在。最初着重于在双星体系中搜寻和证认黑洞，并认为最有可能是黑洞的天体是天鹅座 X-1。天鹅座 X-1 是密近双星中的一个星体，它所发射的 X 射线没有规则的脉冲结构，但却具有极短时标的脉动涨落，脉动时标达几毫秒范围。这种亮度极快的随机振荡与灼热气体从吸

"黑洞"

积盘进入黑洞时的辐射特征相符。而且，它的质量大于 5.5 太阳质量，超过了中子星的临界质量，因此它很可能是个黑洞。另外，观测还表明，在椭圆星系 M87 的核心，可能有质量为 9×10^9 太阳质量的大型黑洞。M87 的特征是：在核心处有异常的亮度分布，颜色较蓝，并有一股气尘状物质流。这些都可用黑洞模型很好说明。

超大质量黑洞 处于星系中心，质量达太阳 100 万至 10 亿倍的黑洞。20 世纪 60 年代，发现某些星系核的体积比太阳系大不了多少，但却比整个星系还要亮。这些称为类星体的天体是最明亮的一类活动星系核。理论探讨表明，如此大的能量输出只能来自气体被一个超大质量黑洞吸积时的引力势能，或是从黑洞的自转能中抽取。由此启发天文学家猜想，许多星系核心都应当拥有超大质量黑洞。30 年后，这一猜想获得了强有力的证据。银河系中心 (Agr A*) 附近恒星的运动学观测表明，在距该中心 1000 倍史瓦西半径（相当于太阳系尺度）以内就隐藏着一个约 300 万倍太阳质量的黑洞。用甚长基线阵 (VLBA) 对星系 NGC4258 核心水脉泽（微波激射）的位置和三维速度极精确的测量，提供了存在质量约为太阳 4000 万倍的超大质量黑洞的证据。另一个活动星系 NGC1068 的水脉泽测量，提示其中心也有约为太阳 1500 万倍的超大质量黑洞。哈勃空间望远镜的观测证实，几十个近距星系的核心都隐藏着超大质量黑洞，其中最大的黑洞质量可以超过太阳的 10 亿倍。

超大质量黑洞的吸积盘理论已成为解释各种活动星系

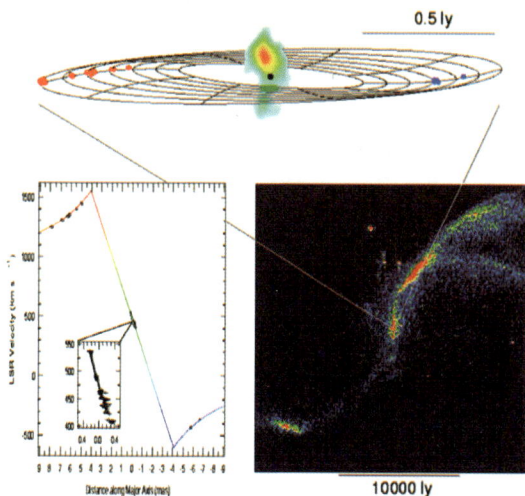

超大质量黑洞

核观测现象的标准模型。超大质量黑洞不仅吸积物质，而且也比原恒星盘物质抛射过程大得多的规模从其附近抛射出近光速的强大喷流。这种高度相对论性的物质据认为会产生能量极高的光子，其频率比可见光要高 1000 亿倍。星系并合是常见的现象，所以星系核中的大质量黑洞很可能也会并合。这种灾变事件会产生强大的引力波，能在非常远的距离（红移至少高达 20）被探测到。这种引力辐射可在实际并合之前一年就被探知，从而能够精确预报最后事件，使对整个电磁波谱敏感的各种望远镜得以观测它们。观测这种并合将在强引力场情况下对广义相对论提供独一无二的检验。

观测 近年来在黑洞的观测搜寻上，哈勃空间望远镜和钱德拉 X 射线探测卫星起了重要作用，作出了系列贡献。到 2003 年底，认为最可能是黑洞的候选者约有 33 个，其中星系级黑洞约 11 个，它们的质量可由 $2 \times 10^6 \sim 10^9$ 太阳质量的量级。而恒星级黑洞几乎全部是双星系统中的 X 射线源。按照大爆炸宇宙学，在宇宙早期可能形成一些小质量黑洞，一个质量为 10^{15} 克的黑洞空间尺度只有 10^{-13} 厘米左右（相当于原子核的大小）。小黑洞的温度很高，有很强的发射。有一种模型认为，高能天体物理研究中所发现的一些高能爆发过程，也许就是由这些原初小黑洞的发射及其最终的爆发引起的。

黑洞的研究现已得到人们越来越多的关注和参与。作为相对论天体物理学分支的黑洞物理学，也有长足的发展。天文学家已习惯于把当前物理学难于说明的一些高能天体现象都归之于黑洞引起，并建立了相对简洁、完美的模型，这就更加促使对黑洞的重视。但严格来说，黑洞还尚未被真正"观测到"，它的很多疑团还有待人们进一步揭示。

［七、白洞］

广义相对论所预言的一种与黑洞相反的特殊天体。和黑洞类似，它也有一个封闭的边界。聚集在白洞内部的物质，只可以经边界向外运动，而不能反向运动。因此，白洞可以向外部区域提供物质和能量，但不能吸收外部区域的任何物质和辐射。球状白洞的几何边界也是以史瓦西半径为半径的球面。其外部时空由史瓦西度规描述。白洞是一个强引力源，其外部引力性质与黑洞相同。白洞可以把它周围的物质吸积到边界上形成物质层。白洞学说主要用来解释一些高能天体现象。

有人认为，类星体的核心就可能是一个白洞。当白洞内中心奇点附近所聚集的超密态物质向外喷射时，就会同它周围的物质发生猛烈碰撞，而释放出巨大的能量。因此，有些 X 射线、宇宙线、射电爆发、射电双源等现象，可能与白洞的这种效应有关。白洞目前还只是一种理论模型，尚未被观测所证实。

［八、类星体］

20 世纪 60 年代发现的一种新型天体，属活动星系核的一个亚型。因其在照相底片上具有类似恒星的像而得名，光谱的巨大红移和几乎全电磁波段的辐射显示它们很可能是遥远星系明亮的活动核心。

发现 1963 年，T.A. 马修斯和 A.R. 桑德奇找到了射电源 3C48 的光学对应体，在照相底片上类似恒星。分光观测表明，它的光谱中有许多宽而强的发射线，但当时未能证认出来。1963 年,射电源 3C273 被证认为一个 13 星等的类似恒星的天体。M. 施密特发现它的光谱与 3C48 的光谱很类似，并且成功地将其中最亮的一些发射线证认为氢的巴耳末线，但其红移很大，达 0.158。3C48 的谱线也得到了证认，红移更大，达 0.367。随后，又陆续发现了一批性质类似 3C48 和 3C273 的射电源。它们在照相底片上呈类似恒星的像，因此被称为类星射电源。光学观测表明，类星射电源的紫外辐射非常强。后来发现一些光学性质类似于 3C48 和 3C273 的天体，但它们并不发出射电辐射。这种天体称为蓝星体。类星射电源和蓝星体被统称为类星体。1977 年由 A. 赫维特和 G. 伯比奇编辑的第一个类星体总表问世，共包含 637 个类星体。2001 年由维隆夫妇编辑的《类星体和活动星系核表》第 10 版包含的类星体达到 23760 个。发现类星体的方法是先从射电、X 射线、无缝光谱或多色巡天挑选候选体，然后逐一用有缝光谱证实

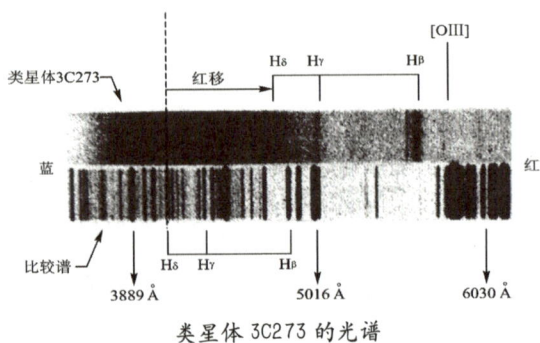

类星体 3C273 的光谱

并测定其红移。斯隆多色巡天发现的类星体最大红移达 6.42(SDSS J1148)，这意味着我们看到它的光是在宇宙不到现在年龄 1/10 的时候发出的。

主要观测特点 ①类星体在照相底片上具有类似恒星的像，这意味着它们的角直径小于 1 角秒。较近的类星体周围可看到暗弱的云状包层，如 3C48。有些类星体有喷流状结构，如 3C273。②类星体光谱中有许多强而宽的发射线，包括容许谱线和禁线。最经常出现的是氢、氧、碳、镁等元素的谱线。有些类星体的光谱中有很锐的吸收线，说明产生吸收线的区域里湍流运动的速度很小。③连续谱几乎涵盖全电磁波段，能量分布多呈非热辐射的幂律谱形式，但也含有热成分。④类星射电源发出强烈的非热射电辐射。射电结构多数呈双源型，少数呈复杂结构，还有少数是致密的单源，角直径小于 1 毫角秒，至今都未能分辨开。⑤类星体一般都有光变，时标为几年。少数类星体光变很剧烈，时标为几个月或几天甚至短到几小时。类星射电源的射电辐射也经常变化。观测还发现有一些双源型类星射电源的两子源，以极高的速度向外分离。光学辐射和射电辐射的变化没有周

期性。⑥类星体的发射线都有很大红移。对于有吸收线的类星体来说，吸收线红移一般小于发射线红移。有些类星体有好几组吸收线，分别对应于不同的红移，称为多重红移。⑦许多类星体还发出很强的 X 射线辐射。

类星体

红移　红移是河外天体共有的特征。因此绝大多数天文学家认为，类星体是河外天体。红移－视星等关系的统计的结果表明，哈勃定律对于河外星系是适用的。就是说，它们的红移是宇宙学红移，它们的距离是宇宙学距离，它们的红移－视星等是统计相关的。但对类星体来说，红移－视星等的统计相关性很差，这就产生了两个彼此相关的问题：类星体的红移是否就是宇宙学红移，类星体的距离是否就是宇宙学的距离。大多数天文学家认为，类星体的红移是宇宙学红移。因此，红移反映了类星体的退行，而且符合哈勃定律。按照这种看法，作为一种天体类型而言，类星体是人类迄今为止观测到的最遥远的天体。持这种观点的人认为，类星体红移－视星等的统计相关性很差的原因，在于类星体的绝对星等弥散太大。如果按照一定的标准将类星体分类，对某种类型的类星体进行红移－视星等统计，则相关性便会显著提高。支持宇宙学红移的观测事实还有：观测到了红移值与类星体相同的寄主星系；发现了一些和所在天区星系团红移差不多的类星体；类星体与某些活动星系（如赛弗特星系）的光谱特征很类似，表明类星体和星系之间没有本质的区别。

少数天文学家认为，类星体的红移不是宇宙学红移。这种观点所依据的观测事实有：某些类星体和亮星系（它们的红移相差很大）的抽样统计结果表明，它们之间存在一定的相关性；某些类星体（如马卡良205）似乎同亮星系之间有物

质桥联系，而二者的红移相差极大。持这种观点的人对红移提出过一些解释，如认为类星体是银河系或其附近星系抛出来的，因此类星体红移是由于局部运动，而不是宇宙学膨胀。也有人认为，类星体红移是大质量天体的引力红移。还有一些理论认为类星体的红移可能是某种未知的物理规律造成的，这就向近代物理学提出了所谓的红移挑战。

能源　类星体的射电辐射是非热的同步辐射，光学辐射和红外辐射则表现为以热辐射为主的连续谱，但至少有一部分可能仍是同步加速辐射。如果类星体的红移是宇宙学红移，它们的光度（包括射电、红外线、可见光直至 X 射线）将超过太阳光度的一万亿倍，是迄今为止观测到的辐射功率最大的天体。但是，从光变时标估计出的类星体辐射区域的大小，只有几光时到几光年。这样高的产能效率是现今已知的各种能源，包括恒星内部的核聚变反应都无法达到的。最合理的模型是，类星体中央有一个约十亿倍太阳质量的超大质量黑洞，周围物质通过一个旋转的吸积盘落到黑洞中去，吸积盘被引力能的耗散所加热，产生类星体光谱中的热成分，这一过程中产生的高能电子在磁场中运动则是同步加速辐射的源泉。

发射线　黑洞和吸积盘周围的气体云因光致电离复合机制产生低电离发射线，如氢的巴耳末线系。谱线展宽显示气体云的速度超过 10000 千米 / 秒。这种宽发射线来自内区，称为宽线区。发射线变化时标的研究表明，宽线区的典型半径为数光月。在离中央电离源 10～1000 光年的外区，气体云的速度只有数百千米 / 秒，辐射电离金属的禁线，称为窄线区。

吸收线　产生类星体的吸收线的原因可能有三种：①吸收线产生于吸积盘附近的厚物质层，由于物质外流速度很高，故吸收线非常宽。这种类星体称为宽吸收线 (BAL) 类星体。②如碳、镁、硅等重元素的锐吸收线，产生于类星体和观测者之间的某些河外天体，如延伸的低密度的星系晕，由于视线可能穿过几个不同距离的星系，这类吸收线可能分为不同红移的几组。③处于莱曼 α 发射线短波侧的一系列锐吸收线，称为莱曼 α 森林，产生于类星体和观测者之间的原始星系或星系际介质。

视超光速现象　甚长基线干涉测量 (VLBI) 发现，3C345 等类星射电源的两致密子源以很高的速度分离。如果类星体位于宇宙学距离，两子源向外膨胀的速度将超过光速，最大的可达光速的 45 倍 (3C111)。有人认为，类星体并不位于宇宙学距离，这就根本不会出现超光速现象。但观测发现，有一个射电星系也存在类似的超光速现象，而射电星系无疑位于宇宙学距离。可见这种看法的证据并不充分。公认的看法认为，如果一个子源与视线成小夹角以近光速朝观测者运动，就可解释观测到的这种表现的超光速，即视超光速现象。

光度函数及演化　类星体的光度函数（其空间数密度按光度的分布）存在随时间（或红移）的演化效应。一种极端是光度不变，仅数目变化，称为纯密度演化；另一种极端是数目不变，仅光度变化，称为纯光度演化。实际情况可能介于两者之间，称为混合演化。模型参数通过与观测拟合而得。真实的演化规律尚不清楚。

[九、超新星]

某些恒星演化到终期时灾变性的爆发。爆发时光度为接近 10^{10} 太阳光度（相当于整个星系的光度），释放能量可达 10^{46} 焦，光变幅超过 17 个星等，即增亮千万倍至上亿倍。这是恒星世界中已知的最激烈的爆发现象之一。它抛射的质量范围为 1～10 太阳质量，抛射物质的速度为几千千米／秒至几万千米／秒；爆发时典型的动能为 10^{44} 焦。爆发结果或是将恒星物质完全抛散，成为超新星遗迹；或是抛射掉大部分质量，核心遗留下的物质坍缩为中子星或黑洞。超新星爆发后形成强的射电源、X 射线源和宇宙线源。超新星爆发标示了一

超新星 NGC 4526 SN1994D

颗恒星壮烈的"死亡"，但也触发了新一代的恒星诞生。超新星处于许多不同天文学研究分支的交会处。超新星爆发瞬间及爆发后所观测到的现象中，涉及各种物理机制，如中微子和引力波发射、燃烧传播及爆炸核合成、放射性衰变及激波同星周物质的作用等；而爆发的遗迹（如中子星或黑洞、膨胀气体云）起到加热星际介质的作用。超新星在产生宇宙中的重元素方面扮演着重要角色。宇宙大爆炸只产生了氢、氦以及少量的锂。红巨星阶段的核聚变产生了各种中等质量元素（重于碳但轻于铁），而重于铁的元素几乎都是在超新星爆发时合成的，它们以很高的速度被抛向星际空间。此外，超新星还是星系化学演化的主要"代言人"。早期星系演化中超新星起了重要的反馈作用。星系物质丢失以及恒星形成可能与超新星密切相关。由于超新星非常亮，它可被用来确定距离。将距离同超新星母星系的膨胀速度结合起来就可确定哈勃常数以及宇宙的年龄。Ia 型超新星已被证明是强有力的距离指示器。最初是通过标准烛光的假定，后来是利用光变曲线形状等参数来标定峰值光度。作为室女团以外最好的距离指示器，其校准后的峰值光度弥散仅为 8%，并且能延伸到 5×10^8 秒差距的遥远距离处。Ia 超新星的哈勃图（星等－红移关系）已成为研究宇宙膨胀历史最强有力的工具。高红移 Ia 型超新星的光变曲线还可用于检验宇宙膨胀理论。理论预计，由于宇宙膨胀而引起的时间膨胀效应将会表现在高红移超新星光变曲线上。某些 Ⅱ 型超新星也可用于确定距离。Ⅱ-P 型超新星在平台阶段抛射物的膨胀速度与它们的热光度存在相关，这也用来进行距离测定。经相关改正后，原来Ⅱ-P型超新星V波段的接近 1 星等的弥散可降到约 0.3 星等的水平，这提供了另一种独立于 SNIa 的测定距离的手段。

历史　中国悠久的历史中存有丰富的天象记录。宋元时期官方设置的天文机构为司天监，明清时期改称钦天监，负责观测并记录包括彗星、流星雨等天象。其中有一类天体称作"客星"，意思是该位置上原来没有可见的星，后来突然出现一颗，故称为客星。《宋会要》中就有一颗"客星"的记载："至和元年 (1054) 五月晨出东方，守天关，昼见如太白，芒角四出，凡二十三日。"《续资治通鉴长编》中亦载："至和元年五月己丑客星出天关之东南可数寸，岁余消没。"意思是说在金牛座的区域有一客星突然出现，白天都能见到如金星那样的光芒。世界上现代天体物理教科书都将 1054 年超新星与中国联系在一起。2000 多年以来银河系有 7 颗历史超新星，参见右表。唯有中国对所有这 7 颗历史超新星都有详细的记录，它已成为世界的宝贵财富。

银河系中的 7 颗历史记载超新星		
超新星名	所在星座	超新星遗迹
AD185	半人马座	RCW86
AD393	天蝎座	CTB37
AD1006	豺狼座	PKS1459-41
AD1054	金牛座	Crab Nebula
AD1181	仙后座	3C58
AD1572	仙后座	Tycon
AD1604	蛇父座	Kepler

巡天成就和命名　1934 年 F.兹威基和 W.巴德分析了近距星系的观测资料，发现 M31(1885A)、NGC5253(1895B)、NGC2535(1901A)、NGC4321（1901B 和 1914A）等 13 个星系中有星体爆发，亮度比正常的新星现象大几千倍，遂定名为超新星。超新星是罕见的天象。历史文献表明，银河系中最近期的一个超新星是出现于 1604 年的开普勒超新星。1936～1941 年美国帕洛马山天文台用 45/65 厘米施密特望远镜系统地巡视星系选区，发现了 19 个河外星系超新星，积累了较完整的光度变化和光谱特征的实测资料。从 1958 年起，又开始用世界最大的 120/180 厘米施密特望远镜搜寻超新星。这项长期研究项目一直进行到 1975 年底为止。1961 年成立了"超新星服务"国际巡天组织，先后参加的有美、匈、意、

瑞士、苏联等国的 14 个天文台。1885～1988 年底共发现河外星系超新星 661 颗。随着发现超新星数目的剧增，国际天文学联合会有一个统一的规定，用发现时的年份随后用大写英文字母表明发现的顺序，若多于 26 颗则用小写双英文字母，如 SN2003aa，它表示 2003 年发现的第 27 颗超新星；第 27、28、…、52 颗则用 aa、ab、…、az 表示，依此类推。如 SN2003lp 则是 2003 年发现的第 328 颗。20 世纪 80～90 年代世界范围组织了大规模的各种巡天，中国北京天文台于 1996 年参加了超新星自动巡天。到 2006 年年底全世界已发现 4013 颗光学超新星和 20 多颗 X 射线超新星，其中高红移超新星几百颗。1998 年天体物理学家利用高红移超新星的研究提出现在宇宙在加速膨胀，原因是宇宙中存在暗能量。

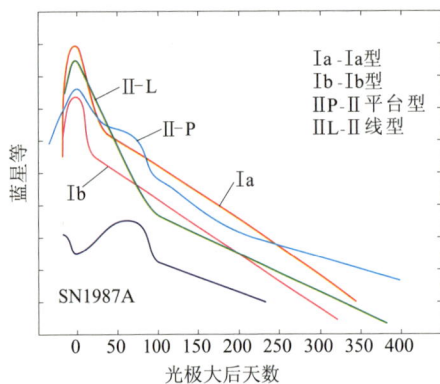

Ia - Ia型
Ib - Ib型
IIP - II平台型
IIL - II线型

超新星的光变曲线

类型和特征　20 世纪 70 年代，通过光谱研究，认为将超新星分成 I 型和 II 型两类较为适当。I 型超新星光变曲线的特点是亮度陡增和初降较陡，随后缓慢地减光，平均每年下降 6 个星等；平均绝对星等 M 可达 −19.5 等。II 型超新星有类似 I 型的增光达到极大亮度之后约 50 天，光变曲线上出现驼峰，随后再继续减光。I 型超新星的光谱中没有宇宙中最丰富的氢的谱线，而 II 型则主要是氢的谱线。后来发现 I 型超新星又可细分，其中一部分光谱以电离硅的 615.0 纳米的吸收线为主要特征，这类被称为 Ia 型；而对于没有这一条硅吸收线特征而有氦线特征的则称为 Ib 型。

没有氦谱线特征的则称为 Ic 型。Ia 型超新星爆发的总能量约为 10^{-2} 焦，而 II 型则在 $4×10^{44}$～$10×10^{44}$ 焦之间，主要是以中微子的形式释放。1604 年以来，由于银河系内没有记录过超新星爆发，1987 年在离地球最近的星系大麦哲伦星云中出现的超新星 SN1987A，便成为用现代天文仪器研究超新星的极好机会。

日本神冈和美国的 **IBM** 的中微子探测器当时都记录下中微子爆，共得到 27 个中微子记录。这是首次记录来自太阳以外的中微子，开创了中微子记录的观测历史，验证了超新星爆发的理论。由于高能辐射与爆炸抛射出来的恒星大气相互作用，使得超新星也可能有 **X** 射线等辐射。如 SN1987A 在爆炸后 100 多天才被高能天文卫星探测到它辐射的 **X** 射线。而光学波段的突然增亮，首先是由膨胀大气引起的，后来则由镍 -56 等同位素的衰变提供能量，使得光度下降较为缓慢。超新星爆发的高速抛射物与周围介质相互作用形成的激波引发出电磁辐射，而对星周尘埃的加热则可产生红外辐射。这些只有周围有稠密的星际物质的Ⅱ型或Ⅰb、Ⅰc 型超新星才能观测到。

超新星 SN1987A 爆发的照片

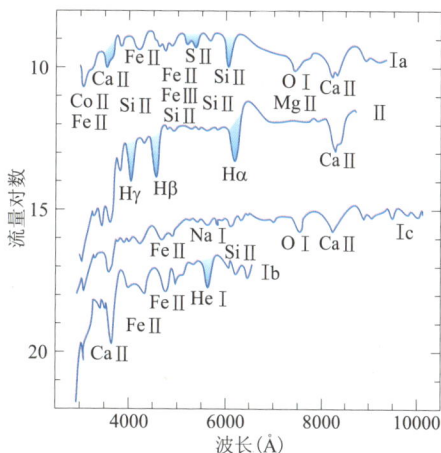

超新星的光谱

超新星爆发机制　在不到一秒钟时间内释放出 $10^{44} \sim 10^{46}$ 焦的能量（相当于 90 个太阳在其一生所释放能量之总和）的天体，这就需探讨它的前身星是什么及产生如此巨大能量的机制是什么的问题。

首先讨论Ⅰa 型超新星。它的光谱中缺少氢线，而且根据统计它在不同类型的星系中都有可能出现。据此天文学家提出了Ⅰa 型超新星是密近双星演化到晚期的终极结果的想法。设想有一密近双星系统，其两个成员星的质量均小于 $8M_\odot$，其中质量大的一个演化得较快，其核心燃烧完氢后接着燃烧氦，变成中心为碳和氧

的白矮星。这时初始质量较小的那颗成员星的物质就被它吸积。假如物质转移速度小于每年 $10^{-8}M_\odot$ 时，在白矮星周围形成氢壳，当达到核融合点火的温度时，其表面就产生核聚合点火爆发，这就是新星爆发现象，规模比超新星要小得多。当转移速率在每年 10^{-6}～$10^{-8}M_\odot$ 之间时，表面同样会产生核合成形成氦，氦形成碳，逐步使碳核心质量增加，直到钱德拉塞卡极限的 $1.4M_\odot$，中心密度可达到 3×10^9 克/厘米 ^{3}，而且中心达到碳点火的温度。碳被点燃，并且合成过程从中心往外迅速传播，在一秒钟之内传到白矮星的最外层。爆炸将产生 10^{46} 焦的能量，可将这颗白矮星完全炸碎。白矮星中的氢已经燃烧殆尽，所以它的光谱中没有氢线，变成一颗老年的恒星，因此会出现在不同的星系中。Ⅱ型超新星则不同，它的光谱中以氢线为主，而且大多出现在旋涡星系的旋臂上。一个被广泛接受的Ⅱ型超新星爆炸的模型是：一颗大质量恒星（质量＞ $10M_\odot$），在它最初的 3000 万年甚至更短的时间内，其核心首先是氢合成为氦，然后氦变为碳和氧，碳变为氖和镁，氧和镁变为硅和硫，直到最终硅和硫合成为铁族元素。上述每种合成过程都释放出大量的能量，维持着恒星的生命，而且其核心变得愈来愈密，温度则愈来愈高，以致能够抵抗恒星引力的收缩。但到了核心变为铁芯后，由于铁族元素的核束缚能最小，合成反而要吸收能量。引力收缩就开始，中心的密度和温度继续增大，到 10^{10}K 和 10^{10} 克/厘米 ^{3} 时，电子就被压到原子核内而形成富含中子的同位素，而高能辐射又将原子核撕成 α 粒子。这两个过程都要吸收能量，使得引力坍缩变得更快。当中心密度超过 2.7×10^{14} 克/厘米 ^{3} 时，坍缩不再继续，产生反弹而引发超新星爆发。它将外层核合成的剩余物，包括最外层的氢向外抛射，而留下一个铁核核心，也就是中子星。所以，它的光谱中有强的氢线。同时因为大质量恒星是和恒星形成区相关的，所以它们往往出现在旋涡星系的旋臂上。至于 Ib 型和 Ic 型超新星，认为它们也是一种称为"沃尔夫－拉叶星"(W-R 星) 的大质量恒星演化到晚期的结果。由于 W-R 星有大规模的恒星风，质量流失很大，因此表层已失去了氢甚至氦，其光谱中没有氢线 (甚至于氦线)。

[十、暗物质]

只能通过引力效应推断其存在，但由于没有电磁辐射而不能直接看到的物质。宇宙中这种暗物质的质量远超过恒星和星系等可见物质的质量，因而对星系形成乃至宇宙演化等问题有重大影响。了解暗物质的数量和本性是当代天体物理学、宇宙学和粒子物理学面临的最迫切的问题之一。

简史　1933 年，F. 兹威基在研究星系团时发现，根据成员星系的光度测量和质光比估计的光度质量远小于根据速度弥散和位力定理估计的动力学质量。这两种估计之间相差多达一两个数量级的不符，这意味着星系团中存在大量不发光但有引力作用的暗物质，历史上称之为失踪 (或短缺) 质量问题。曾有人认为，导致这种不符的原因可能是星系团尚未演化到稳定状态，用位力定理估计的质量过高。但 20 世纪 70 年代以来，大量观测事实表明这一现象在星系、星系群层次，甚至比星系团更大的尺度上也普遍存在。

数量和分布　用射电望远镜观测到的 HI(中性氢)21 厘米谱线数据表明，许多旋涡星系的旋转曲线在发光区外一直保持平坦，而不是像开普勒定律预言的那样随半径的平方根成反比地下降，这意味着这些星系存在一个密度与半径的平方成反比，质量超过可见区十倍的暗晕。银河系是一个旋涡星系，尽管因人们所处的位置难以测量远处的旋转曲线，但由银河系周围伴星系 M31 的运动，可估计银河系的总质量超过太阳的 1 万亿倍，其中 90% 以上是暗的。质量与光度之比，即质光比 M/L 常用来描述一个天体中暗物质的比例。以太阳的质光比作为单位，典型的旋涡星系质光比为 0。某些椭圆星系、星系群和星系团有很强的 X 射线辐射，假设辐射 X 射线热气体的压强与系统的引力势达到流体静平衡，那么由 X 射线观测数据获得的热气体的温度和密度分布可估计系统的质量分布及其总质量。20 世纪 80 年代初，用此法测定出室女团中心星系 M87 的暗晕质量为太阳的 30 万亿倍，比恒星质量的贡献至少高出一个量级。随后，X 射线观测被用于许多椭圆星系、星系群和星系团的研究中，结果表明椭圆星系典型的质光比约为70，某些矮椭球星系可达100，而星系群和星系团的平均质光比约为150。比星系团更大的尺度上，星系分布和本动速度场的统计分析提示质光比约为400。如果这些结果反映了场星系的普遍特性，则利用其光度函数可估计星系（包括与其相关的暗物质）对宇宙物质密度参数的贡献。星系团中存在暗物

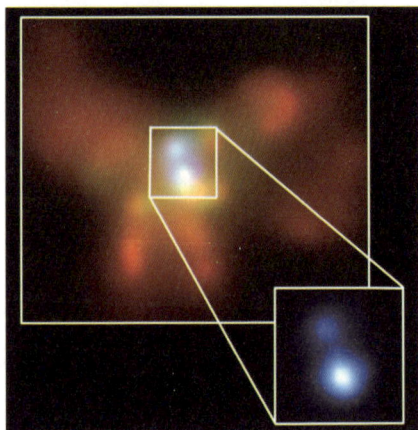

星系 X 射线辐射

质的另一个有力证据来自引力透镜效应的研究。星系团的引力会使来自背景星系的光线发生偏转，通过研究由此产生的像畸变可求得星系团的密度分布及其质量。这种方法的优点是无须对星系团的物质成分和动力学状态作出假定。图中显示了哈勃空间望远镜对星系团 A2218 所作的深度曝光，背景星系的像经引力作用变成了一段段清晰可见的光弧。计算表明，产生这些光弧需要在星系团中心 250 千秒差距范围内至少有百万亿倍太阳质量的物质，这与 X 射线和光学观测给出的结果

哈勃空间望远镜对星系团 A2218 的深度曝光，
显示背景星系的像经引力作用变成一段段清晰可见的光弧

基本相同。根据微波背景辐射探测卫星 **WMAP** 观测一年的数据综合分析，暗物质对宇宙密度参数的贡献约为 23%。

本性 暗物质研究中最重要的是它们究竟是什么的问题。现不能排除它们一部分也许是由质子、中子等重子组成的普通物质，但仅由于辐射太弱而尚未被观测到，如木星类行星、由于质量小于核燃烧临界值（约 8% 太阳质量）的褐矮星、中子星和黑洞等恒星遗迹，或者分子氢云等。有些来自引力透镜效应的证据表明，银河系中的确存在这类称为大质量致密晕天体（**MACHO**）的暗物质。但大爆炸核合成对重子丰度的严格约束，使得大部分暗物质不可能以重子形式存在。根据大爆炸理论，当宇宙年龄约 3 分钟时，由原初质子和中子合成质量比 22% ～ 25% 的氦，以及痕量的氘、氦 -3 和锂 -7。这些原初轻元素的丰度只依赖于重子密度 Ω_B。其中氘丰度对重子密度最敏感。由类星体光谱中星际氢云吸收线的测量可知氘丰度 **D/H** 约 $2 \times 10^{-4} \sim 2 \times 10^{-5}$，对应于 $\Omega_b h^2 = 0.005 \sim 0.024$。这也同氦和锂的观测一致。若无量纲哈勃常数 h 为 $0.5 \sim 0.8$，则 Ω_B 为 $0.008 \sim 0.096$。Ω_B 明显小于 0.23 是存在非重子暗物质的有力证据。在已发现的基本粒子中，中微子是只参与弱相互作用和引力相互作用的轻子，它们在宇宙中的数密度几乎与微波背景光子相仿，约为重子的 10 亿倍。假如非重子暗物质完全由中微子组成，宇宙学约束将要求三种中微子的质量和约为 40 电子伏。虽然有证据显示中微子具有非零的静质量，但要在实验上精确测定非常困难。现今给出的上限为：电子中微子小于 2 电子伏，μ 中微子小于 170 千电子伏，τ 中微子小于 18 兆电子伏。而振荡实验表明三种中微子的质量差小于 1 电子伏。这就意味着它们的质量和不应超过 8 电子伏，即中微子最多只占非重子暗物质的 20%。星系分布大尺度结构的研究对中微子的质量给出了更严格的限制：它们对宇宙密度的贡献同恒星相仿，即 $\Omega_\nu \approx 0.3\%$。因为中微子从早期宇宙脱耦时速度接近光速，故称为热暗物质（**HDM**）。其他的非重子暗物质可能是某些物理学新理论预言而尚未发现的弱作用重粒子（**WIMPs**），如中性伴随子和轴子等，它们从早期宇宙脱耦时速度小于光速，故称为冷暗物质（CDM）。假如快速运动的 HDM 粒子处于统治地位，它们将趋向于把早期宇宙中小尺度的密度不均匀性抹平，重子物质在其中先形成大尺度的薄饼状物体，然后由引力不稳定性碎裂成星系。反之，如果 CDM 粒子占优势，则重子物质在其中先形成小尺度团块，然后逐步凝聚成星系。前者通常称为"从大到小"模型，后者称为"从小到大"模型。两种粒子各占一定比例时称为混合暗物质（MDM）模型。观测倾向于 CDM 占优，但两者的确切比例尚待未来的天文观测特别是物理实验决定。

［十一、暗能量］

一种致使宇宙加速膨胀的能量成分。宇宙学于 21 世纪初研究的一个里程碑性的重大成果。支持暗能量的主要证据有两个。一是对遥远的超新星所进行的观测表明，宇宙不仅在膨胀，而且在加速膨胀。在标准宇宙模型框架下，爱因斯坦引力场方程给出：

$$\frac{\ddot{a}}{a} = \frac{-4\pi G(\rho + 3p)}{3}$$

式中 a 是宇宙标度因子，G 为引力常数，p 和 ρ 分别为宇宙中物质的压强和能量密度。加速膨胀 $\ddot{a} > 0$ 要求压强为负：$p < -\rho/3$。另一个证据来自于 21 世纪初对宇宙微波背景辐射的研究，精确测量微波背景涨落的角功率谱第一峰的位置揭示宇宙是平坦的，即宇宙中物质的总密度等于临界密度 ρ_c 为 4.05×10^{-11}（电子伏）^{4}。但迄今所知道的普通物质与暗物质加起来只占宇宙总物质的 1/3 左右，仍有约 2/3 的物质称为暗能量，其基本特征是具有负压，在宇宙空间中几乎均匀分布或完全不结团。正是这种未知的负压物质（通常的辐射、普通物质和冷暗物质，压强都是非负的）主导今天的宇宙。21 世纪初微波背景辐射探测卫星 WMAP 观测数据显示，暗能量在宇宙中占总物质密度的 73%，其能量

密度大约为 2.3×10^{-3} （电子伏）^{4}。

　　暗能量的本质尚不清楚。一种可能性是宇宙学常数（包含真空能）值本身，但量子场论的理论预言真空能值远远大于观测值，这一理论与实验的冲突即宇宙学常数问题是对当代物理学的一大挑战。暗能量也可能是称为精质的动力学场的能量，它不同于真空能，不仅能量密度而且状态方程 $W=p/\rho$ 在不同时刻也可取不同值。然而这两种机制都不能自然地解释暗能量，解决这一问题需要新的包括引力在内的各种相互作用统一的量子理论，这将是一场重大的物理学革命。

［十二、"神舟"飞船］

　　"神舟"号飞船，载人飞船系列。1992 年列入国家计划。飞船由轨道舱、返回舱和推进舱等组成。轨道舱是航天员在空间生活和进行科学实验、技术

发射前的"神舟"5 号飞船

试验的场所。在返回舱返回后，轨道舱仍留在轨道上继续执行各项空间任务。返回舱是飞船上升和返回过程中航天员的座舱，也是飞船的指挥控制中心。推进舱又称动力舱，为飞船在轨道调整和返回提供能源和动力。飞船用"长征"2号F运载火箭从酒泉卫星发射中心发射。运行轨道为近地低轨道，轨道周期约90分钟。

1999年11月20～21日，"神舟"1号飞船成功进行了首次无人状态的飞行试验。飞船绕地球飞行14圈后，在内蒙古自治区中部地区安全着陆。"神舟"2号飞船于2001年1月10日发射，1月17日返回，进行了空间生命、空间材料、空间力学、空间天文等方面的研究。"神舟"3号飞船于2002年3月25日发射，4月1日返回，进行了地球环境探测、空间环境探测等多项科学实验。"神舟"4号飞船于2002年12月30日发射，2003年1月5日返回，进行了多项生命科学试验。"神舟"5号飞船于2003年10月15日9时发射，16日6时25分返回地面，将中国第一位航天员杨利伟送入太空。"神舟"5号飞行过程中状态良好，飞行到第14圈，飞船进入返回程序；距地面约140千米处推进舱与返回舱分离；距地面约10千米处，抛伞舱盖，引导伞、减速伞和主伞相继拉出展开；离地面约1米时，4台缓冲发动机点火，飞船实现软着陆。"神舟"6号飞船于2005年10月12日发射，飞行325万千米，于10月17日成功着陆，首次实现多人多天太空飞行。"神舟"7号于2008年9月25日发射，9月28日返回。9月27日16时41分，中国航天员翟志刚身穿国产"飞天"航天服步出轨道舱，在太空完成数十次移动，持续约19分钟。"神舟"8号飞船于2011年11月1日发射，11月17日返回。11月3日和14日，"神舟"8号飞船与"天宫"1号先后两次完成太空对接。2012年6月16日18时，"神舟"9号飞船发射，6月29日返回。2013年6月11日17时，"神舟"10号飞船发射，6月26日返回。

[十三、"嫦娥"卫星]

2004 年 1 月 23 日，国务院批准绕月探
测工程，即中国月球探测工程一期
工程立项。经国务院批准成立
了由国防科工委牵头，国家发
改委、科技部、财政部、总装

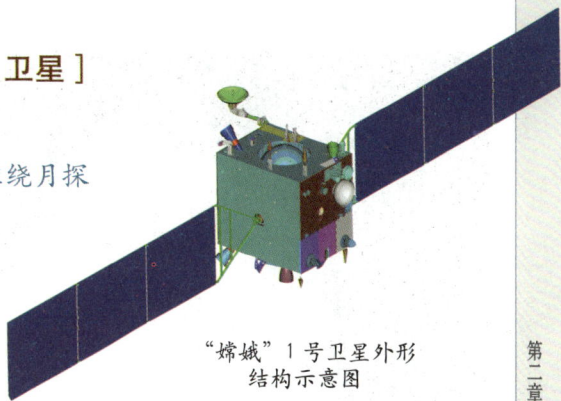

"嫦娥" 1 号卫星外形
结构示意图

备部、中国科学院、航天科技集团公司等单位参加的绕月探测工程领导小组。
并将中国的月球探测工程命名为"嫦娥"工程。第一颗月球探测卫星命名为"嫦
娥" 1 号。

"嫦娥" 1 号卫星（CE-1）选用"东方红" 3 号通信卫星平台，总质量 2350 千克。
卫星绕月运行的工作轨道为高度 195.464+25 千米、倾角 90°±5° 的极月圆轨道。
卫星在轨运行寿命 1 年。卫星上搭载了 8 种科学探测仪器，分别是用于月球表面
三维影像成像的 CCD 相机和激光高度计，用于月表化学元素与物质探测的干涉
成像光谱仪和 γ/ X 射线探测仪，用于月壤厚度探测的微波探测仪，用于地月空间
环境探测的太阳高能粒子探测器和太阳风离子探测器。选用"长征" 3 号甲运载
火箭，运载能力为地球同步转移轨道 2600 千克。卫星发射场位于西昌卫星发射
中心 3 号工位。测控系统利用 S 频段航天测控网（USB）和甚长基线干涉天文测
量系统（VLBI），并通过国际联网增加发射期间的测控覆盖，完成月球探测工程
各个轨道段的遥测、遥控和测轨任务。地面应用系统的主要任务是卫星在轨运行
期间科学探测业务管理、科学探测数据接收与处理、科学研究与科学普及。

2007 年 10 月 24 日 18 时 05 分，"嫦娥" 1 号卫星由"长征" 3 号甲运载火
箭成功发射，进入近地点 200 千米、远地点 51000 千米、轨道倾角 31° 的超地球
同步转移轨道。卫星经过调相轨道段的一次远地点变轨和三次近地点变轨，于 10
月 31 日进入地月转移轨道段的飞行。经过一次中途轨道修正，于 11 月 5 日成功

2007 年 10 月 24 日成功发射"嫦娥"1 号卫星

到达月球。经过第一次近月制动成功被月球捕获，成为一颗月球卫星，再经过两次制动，于 11 月 7 日成功进入环月工作轨道。11 月 18 日，卫星转入正飞姿态。11 月 20 日，卫星搭载的 CCD 相机开始对月探测，并同时下传图像数据。经过对卫星传回的图像数据进行处理，得到了第一幅由 19 轨图像数据制作成的月球局部二维图像，并制成了局部三维立体图像。

中国首次月球探测工程取得圆满成功，实现了"准时发射、准确入轨、精密测控、精确变轨、成功绕月、有效探测、取得成果"的各个阶段目标，取得了第一批探测成果，为后续科学探测和科学研究奠定了坚实基础，标志着中国已经成为世界上具有深空探测能力的国家。2007 年 11 月 26 日，中国国家航天局正式公布"嫦娥"1 号卫星传回的第一幅月面图像。

2007 年 12 月 12 日上午 10 时，庆祝我国首次月球探测工程圆满成功大会在北京人民大会堂举行。

2009 年 3 月 1 日 16 时 13 分，"嫦娥"1 号卫星在控制下成功撞击月球。为我国月球探测的一期工程画上了圆满句号。

2010 年 10 月 1 日 18 时 59 分，"嫦娥"2 号卫星在西昌卫星发射中心发射成功。

[十四、格林尼治皇家天文台]

英国历史最悠久的国家天文台。由英王查理二世下令并拨款修建，英国天文学家 J. 弗拉姆斯蒂德于 1675 年建成，台址选在伦敦东南郊的格林尼治皇家花园。建台的初衷在于解决海上测定经度的问题。建台后主要业务在于时间工作、恒星方位、航海天文、天文历书等方面。1767 年，该台开始出版以格林尼治时间为准的《航海天文年历》。1884 年， 世界上统一将通过该台的格林尼治子午线作为本初子午线，并作为界时区的计算起点。1957 年， 该台迁至苏塞克斯郡的赫斯特蒙苏，但仍沿用格林尼治皇家天文台这一名称。留在原址的老天文台以及一些古仪器，现已成为国家航海博物馆的一部分。迁址后的格林尼治天文台已成为综合性的光学天文台，不仅开展时间工作、航海历书编算等，而且从事天体物理方面的大量研究工作。该台最大的望远镜是 1 台口径 2.5 米的反射望远镜。此外，还有 1 台口径 66 厘米的折射望远镜，以及多台口径小于 1 米的反射望远镜。

格林尼治皇家天文台

[十五、紫金山天文台]

　　中国科学院下属的天文研究机构，是原中央研究院天文研究所创建的第一个天文台。1929年始建，1934年建成，位于南京东郊紫金山上（东经118°49′，北纬32°04′，海拔267米）。紫金山天文台为一综合性天文研究机构，它是中国现代天文学的摇篮。包含青海毫米波天文观测站、江苏赣榆太阳观测站、江苏盱眙观测基地、青岛观象台、南京天文历史博物馆。主要天文设备有13.7米毫米波射电望远镜、100/120厘米施密特望远镜、26厘米太阳精细结构双筒望远镜、40厘米双筒天体照相仪。主要从事太阳物理、恒星物理、行星物理、高能天体物理、人造卫星轨道理论、太阳系动力学演化、历书编算等领域的研究，还从事小行星、彗星、人造卫星、太阳黑子、太阳耀斑光谱、太阳Hα单色像和太阳射电等常规观测。

紫金山天文台鸟瞰

第三章　百折不挠的探索者

［一、哥白尼］

哥白尼，Nicolaus Copernicus (1473～1543)，伟大
的波兰天文学家，日心说的创立者，近代天文学的奠
基人。

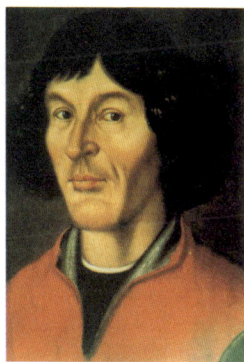

哥白尼

前期经历　生于波兰维斯瓦河畔的托伦城，卒于东
普鲁士的弗劳恩贝格。18 岁时进克拉科夫大学，在校
受到人文主义者、数学教授布鲁楚斯基的熏陶，抱定献
身天文学研究的志愿。三年后转回故乡。当时已任埃尔
梅兰城大主教的瓦琴洛德，派他去意大利学教会法规。
1497～1500 年间他在波洛尼亚大学读书，除教会法规外，还同时研究多种学科，
尤其是数学和天文学。对他最有影响的老师是文艺复兴运动的领导人之一、天文
学教授诺法腊。1497 年 3 月 9 日，他在波洛尼亚作了他遗留下的第一个天文观测

记录：月球遮掩金牛座 α（毕宿五）的时刻。

哥白尼在意大利的时候，因他舅父的推荐，于 1497 年被选为弗龙堡大教堂僧正。1501 年他从意大利回国，正式宣誓加入神父团体，但随即又请假再次去意大利。先在帕多瓦大学，同时研究法律与医学。1503 年，在费拉拉大学获得教会法博士学位。1506 年，哥白尼从意大利回到波兰。1512 年他舅父死后，他就定居在弗龙堡。作为僧正的哥白尼，职务是轻松的。他把大部分精力都用在天文学的研究上。

哥白尼从护卫大教堂的城墙上选一座箭楼作宿舍，并选择顶上一层有门通向城上的平台作为天文台。这地方后来被称为"哥白尼塔"，自十七世纪以来被人们作为天文学的圣地保存下来。

日心地动说的创立和《天体运行论》的出版　哥白尼的主要贡献是创立了科学的日心地动说，写出"自然科学的独立宣言"——《天体运行论》。

当时的欧洲正处在黑暗的中世纪的末期。亚里士多德－托勒密的地球中心说早已被基督教会改造成为基督教义的支柱。然而，由于观测技术的进步，在托勒密的地心体系里必须用八十个左右的均轮和本轮才能获得同观测比较相合的结果，而且这类小轮的数目还有继续增加的趋势。当时一些具有进步思想的哲学家和天文学家都对这个复杂的体系感到不满。哥白尼接受了这种进步思想。他在意大利时研究过大量的古希腊哲学和天文学著作。他赞成毕达哥拉斯学派的治学精神，主张以简单的几何图形或数学关系来表达宇宙的规律。他了解到古希腊人阿利斯塔克等曾有过地球绕太阳转动的学说，受到很大启发。哥白尼分析了托勒密体系中的行星运动，发现每个行星都有三种共同的周期运动，即一日一周、一年一周和相当于岁差的周期运动。他认为，如果把这三种运动都归到被托勒密视为静止不动的地球上，就可消除他的体系里不必要的复杂性。因此，哥白尼建立起一个新的宇宙体系，即太阳居于宇宙的中心静止不动，而包括地球在内的行星都绕太阳转动的日心体系。离太阳最近的是水星，其次是金星、地球、火星、木星和土星。只有月球绕地球转动。恒星则在离太阳很远的一个天球面上静止不动。哥白尼把统率整个宇宙的支配力量赋予太阳，而各个天体则都有其自然的运动。他系统而明晰地批判了地球中心说，并且从物理学的角度对日心地动说可能遭到的责难提出了答复。

　　哥白尼用了"将近四个九年的时间"去测算、校核、修订他的学说。他曾写过一篇《要释》，简要地介绍他的学说。这篇短文曾在他的友人中间手抄流传。但是，他迟迟不愿将他的主要著作——

《天体运行论》第二版扉页（书影）

《天体运行论》公开出版。因为，他很了解，他的书一经刊布，便会引起各方面的攻击。批判可能从两种人那里来：一种人是顽固的哲学家，他们坚持亚里士多德、托勒密的说法，把地球当作宇宙的固定的中心；另一种人是教士，他们会说日心说是离经叛道的异端邪说，因为《圣经》上明白指出地是静止不动的。当哥白尼终于听从朋友们的劝告，将他的手稿送去出版时，他想出一个办法，在书的序中写明将他的著作大胆地献给教皇保罗三世。他认为，在这位比较开明的教皇的庇护下，《天体运行论》也许可以问世。

　　除了这篇序之外，《天体运行论》还有另外一篇别人写的前言。哥白尼当时已重病在身，辗转委托教士奥塞安德尔去办理排印工作。这位教士为使这书能安全发行，假造了一篇无署名的前言，说书中的理论不一定代表行星在空间的真正运动，不过是为编算星表、预推行星的位置而想出来的一种人为的设计。这篇前言里说了许多称赞哥白尼的话，细心的读者很容易发现这是别人写的。然而，这个"迷眼的沙子"起了很大的作用，在半个多世纪的时间里，骗过了许多人。

1542 年秋，哥白尼因中风已陷入半身不遂的状况，到 1543 年初已临近死亡。延至 5 月 24 日，当一本印好的《天体运行论》送到他的病榻的时候，已是他弥留的时刻了。

哥白尼以后　《天体运行论》出版后很少引起人们的注意。一般人不能了解，而许多天文工作者则正如奥塞安德尔所说的那样，只把这本书当做编算行星星表的一种方法。《天体运行论》在出版后七十年间，虽然遭到马丁·路德的斥责，但未引起罗马教廷的注意。后因布鲁诺和伽利略公开宣传日心地动说，危及教会的思想统治，罗马教廷才开始对这些科学家加以迫害，并于公元 1616 年把《天体运行论》列为禁书。然而经过开普勒、伽利略、牛顿等人的工作，哥白尼的学说不断获得胜利和发展；恒星光行差、视差的发现，使地球绕太阳转动的学说得到了令人信服的证明。

哥白尼的学说不仅改变了那个时代人类对宇宙的认识，而且根本动摇了欧洲中世纪宗教神学的理论基础。"从此自然科学便开始从神学中解放出来"，"科学的发展从此便大踏步前进"（恩格斯《自然辩证法》，人民出版社 1971 年版第 8 页），N. 哥白尼于 1500 年前后提出的太阳系模型，被称为哥白尼体系。

［二、布鲁诺］

布鲁诺

布鲁诺，Giordano Bruno（1548～1600），意大利思想家、唯物主义者。他为宣传哥白尼太阳中心说而被宗教裁判所烧死。布鲁诺出生于意大利那不勒斯附近的诺拉镇，卒于罗马。17 岁时进圣多米尼加修道院。当时，哥白尼的《天体运行论》已传入意大利，他读后立刻表示拥护。1576 年，布鲁诺因反对罗马教会的腐朽制度而离开修道院，流亡西欧，曾在许多著名的大学任教。1592年，布鲁诺被骗回威尼斯，不久即遭逮捕，押送到罗马宗教裁判所。布鲁诺被囚禁八年，始终坚持自己的学说，终被宗教裁判所判为"异端"，烧死在鲜花广场。后人为纪念这位坚强不屈的学者于1889年在鲜花广场上建立布鲁诺铜像。

1584年，布鲁诺在伦敦出版《论无限宇宙和世界》一书，捍卫哥白尼的理论，并阐明宇宙无限的思想。他在书中问道："假如世界是有限的，外面什么也没有，那么我要问，世界在哪里？宇宙在哪里？"他指出："宇宙是无限大的，其中的各个世界是无数的。"他还指出恒星并不是镶嵌在天球内壳，而是有近有远地分布在无限宇宙之中。他说："恒星，并不是嵌在天穹上的金灯，而是跟太阳一样大、一样亮的太阳！"他的著作富有强烈的反宗教的唯物主义思想。但是，这些思想披上了泛神论的外衣，认为大自然就是万物之神。这个观点系统地贯穿在《论原因、本原和太一》一书中。他还写了《诺亚方舟》等尖锐、辛辣地抨击教会和《圣经》的作品。

［三、伽利略］

伽利略，Galileo Galilei（1564～1642），意大利物理学家和天文学家，近代实验科学的奠基者之一。生于比萨，卒于阿切特里。伽利略家族姓伽利莱(Galilei)，他的全名是Galileo Galilei，但现已通行称呼他的名Galileo，而不称呼他的姓。

1. 生平

伽利略出身于没落的贵族家庭。他父亲芬琴齐奥·伽

伽利略

利莱 (Vinolent Galilei，1520~1591) 精通音乐理论和声学，著有《音乐对话》一书。伽利略 1572 年开始上学。1575 年随全家迁居佛罗伦萨，进入修道院学习。1581 年他遵父命进比萨大学学医，但他感兴趣的是数学、物理和仪器制造。1585 年因家贫退学，担任家庭教师，仍奋力自学，并作出研究成果。1589 年比萨大学聘请他讲授几何学和天文学。1591 年父亲病逝，他因家庭经济负担到威尼斯的帕多瓦大学任教。1609 年回佛罗伦萨。1611 年到罗马并担任林嗣科学院的院士。1633 年以"反对教皇、宣扬邪学"被罗马宗教裁判所判处终身监禁。1638 年以后，双目逐渐失明，晚景凄凉。

2. 学术成就

新的科学思想和科学研究方法　在伽利略的研究成果得到公认之前，物理学以至整个自然科学只不过是哲学的一个分支，没有取得自己的独立地位。当时，哲学家们被束缚在神学和亚里士多德教条的框框里，他们苦思巧辩，得不出符合实际的客观规律。伽利略敢于向传统的权威思想挑战，不是先臆测事物发生的原因，而是先观察自然现象，由此发现自然规律。基于这样的新的科学思想，伽利略倡导了数学与实验相结合的研究方法。这种研究方法是他在科学上取得伟大成就的源泉，也是他对近代科学的最重要贡献。

物理学　在历史上伽利略是最早对动力学作了定量研究的人。1589～1591 年，他对物体的自由下落运动作了细致的观察，从实验和理论上否定了统治两千年的亚里士多德的落体运动观点（重物比轻物下落快），指出如忽略空气阻力，物体下落的速度和它的重量无关。根据伽利略晚年的学生 V. 维维亚尼的记载，落体实验是在比萨斜塔上进行的，但这件事在伽利略著作中没有记录，因而较普遍认为此事不可靠。伽利略还对物体在斜面上的运动，抛射体的运动等做过实验和观察。在这些研究基础上他提出了加速度的概念及其数学表达式。他曾非正式地提出惯性定律和物体在外力作用下运动的规律，提出运动相对性原理（现称伽利略相对性）。这些为牛顿正式提出运动第一、第二定律奠定了基础。在经典力学的建立上伽利略可说是牛顿的先驱。

伽利略对摆的运动作过长期的观察和研究。传说他少年时注意到教堂挂灯来回摆动的等时性。在后来的研究中他指出单摆的周期和摆长度的平方根成反比。这一规律为后来计时机构（摆钟）的设计提供了根据。1641 年，已失明的他，让儿子为他绘制了摆钟设计图。

伽利略研究了梁的抗弯曲的能力和梁尺寸的关系。他还把这种关系用来说明为什么体格大的动物在负担自身重量方面不如体格小的动物，写道："一只小狗也许可以在它的背上驮两三只小狗，但我相信一匹马也许连一匹和它同样大小的马也驮不起。"

伽利略在被监禁期间把他在力学方面的成就用三人谈话的形式写成《两门新科学的谈话》一书（1638 年出版），所说两门新科学的内容，现在分别属于动力学和材料力学。

天文学 伽利略在知道荷兰人已有了望远镜后，亲手制造和改进了望远镜，并用来巡视天空，发现许多前所未知的天文现象。他发现所见恒星的数目随着望远镜倍率的增大而增加；银河是由无数单个的恒星组成的；月球表面有崎岖不平的现象；金星也有圆缺的变化；木星有四个卫星（其实是众多木卫中的最大的四个）。他还发现太阳黑子，并且认为黑子是日面上的现象。由黑子在日面上的自转周期，他得出

折射望远镜

太阳的自转周期为 28 天（实际上是 27.35 天）。1637 年在目力很差情况下，他还发现了月亮的周日和周月天平动。

这一系列天文发现轰动了当时的欧洲，有力地支持了 N. 哥白尼的日心体系说。伽利略在介绍他新发现的两本书《星际使者》(1610) 和《关于太阳黑子的书信》(1613) 中，都主张哥白尼的日心说，而当时教会中许多人对日心说不肯认同。1613 年，哥白尼的《天体运行论》被宗教法庭列为禁书，伽利略也受到警告，要他放弃哥白尼学说。伽利略没有接受警告，他继续写作，1632 年他的《两大世界体系的对话》出版。宗教法庭把伽利略传到法庭，并宣判他有罪，禁止《对话》流传。1633 年被判处终身监禁。

实验科学　无论在动力学、梁的弯曲或者是天文学的研究中，伽利略十分重视观察和实验的作用。他又善于在观测结果的基础上提出假设，运用数学工具进行演绎推理，看是否符合于实验或观察结果。如在自由落体的实验中，他让水滴相继地从同处下落，每两滴时间间隔相同。他观察到任何时刻相继两滴间的距离成等差级数。他运用数学中的抛物线性质，得出下落距离和时间成平方关系。值得注意的是，他对理论推导也很严谨。尽管抛物线的性质早在古希腊那里已有了解，现存的伽利略手稿表明，他把抛物线的公式又从头推算了一遍。

实验和观测要精确，就离不开测量仪器。伽利略往往亲自设计制造仪器。除了上述望远镜外，他设计和制造的仪器有流体静力秤、比例规、温度计、摆式脉搏计等。

从伽利略开始的科学研究中，首先在力学的研究中，科学实验被放到重要的地位。从伽利略、牛顿开始的实验科学，是近代自然科学的开始。

［四、开普勒］

开普勒，Johannes Kepler（1571 ～ 1630），德国天文学家。1571 年 12 月

27 日生于符腾堡，1630 年 11 月 15 日卒于雷根斯堡。

早期经历　开普勒幼年体弱多病，12 岁时入修道院学习。1587 年进入蒂宾根大学，在校中遇到秘密宣传哥白尼学说的天文学教授麦斯特林。在他的影响下，很快成为哥白尼学说的忠实维护者。1591 年获文学硕士学位，后曾想当路德教派牧师而学神学。但是，1594 年他得到大学的有力推荐，中止了神学课程，去奥地利格拉茨的路德派高级中学任数学教师。在那里,他开始研究天文学。

开普勒

1596 年出版《宇宙的神秘》一书而受到第谷的赏识，应邀到布拉格附近的天文台做研究工作。1600 年，来到布拉格成为第谷的助手。次年，第谷去世，开普勒成为第谷事业的继承人。

前期的天文观测和天文光学工作　开普勒视力不佳，但做了不少天文观测。1604 年 9 月 30 日在蛇夫座附近出现一颗新星，最亮时比木星还亮。开普勒对这颗新星进行了 17 个月的观测并发表了观测结果。历史上称它为开普勒新星（现在知道，这是一颗银河系内的超新星）。1607 年，他观测了一颗大彗星，这就是后来的哈雷彗星。

开普勒对光学很有研究。1604 年发表《对威蒂略的补充，天文光学说明》。1611 年出版《光学》一书。这是一本阐述近代望远镜理论的著作。他把伽利略式望远镜的凹透镜的目镜改成用小凸透镜。这种望远镜被称为开普勒望远镜。

开普勒还发现大气折射的近似定律，用很简单的方法计算大气折射，并且说明在天顶（不像第谷所相信的在高度 45°）大气折射才为零。他最先认为大气有重量，并且正确地说明月全食时月亮呈红色是由于有一部分太阳光经过地球大气折射后投射到月亮上而造成的。

行星运动三定律的发现　开普勒用很长的时间对第谷遗留下来的观测资料进行分析。起先他仍按传统观念，认为行星作匀速圆周运动。但是经过反复推算发现，对火星来说，无论按哥白尼的方法，还是按托勒密或第谷的方法，都不能算出同第谷的观测相合的结果。虽然黄经误差最大只有 8 ├，但是他坚信观测的结果。于是他想到，火星可能不是作匀速圆周运动的。他改用各种不同的几何曲线来表示火星的运动轨迹，终于发现了"火星沿椭圆轨道绕太阳运行，太阳处于焦点之一的位置"这一定律。这个发现把哥白尼学说向前推进了一大步。用开普勒本人的话说："就凭这 8 ├差异，引起了天文学的全部革新！"接着他又发现，虽然火星运行的速度是不均匀的（最快时是在近日点，最慢时在远日点），但是，从任何一点开始，在单位时间内，向径扫过的面积却是不变的。这样，就得出了关于行星运动的第二条定律："行星的向径，在相等时间内扫过相等的面积。"这两条定律，刊布于 1609 年出版的《新天文学》一书内。书中又指出，这两条定律也适用于其他行星和月球的运动。

1612 年，开普勒的保护人鲁道夫二世被迫退位，因而他也离开布拉格，去奥地利的林茨。当地专门为他设了一个数学家的职务。他在林茨继续研究天文学，探索各行星轨道之间的几何关系。经过长期繁复的计算和无数次失败，终于发现了关于行星运动的第三条定律："行星公转周期的平方等于轨道半长轴的立方"。这一结果发表在 1619 年出版的《宇宙谐和论》中。行星运动三定律的发现为经典天文学奠定了基石，并导致了数十年后万有引力定律的发现。

后期的天文工作　1618 ～ 1621 年，他出版了《哥白尼天文学概要》。书中叙述他对宇宙结构和大小的观点。在 1619 ～ 1620 年期间出版的《彗星论》一书中，他指出彗尾总是背着太阳，是因为太阳光排斥彗头的物质所造成。这是在距今两个半世纪以前就预言了辐射压力的存在。

开普勒当时最受到人们钦佩的工作，是 1627 年出版的《鲁道夫星表》。这是根据他的行星运动定律和第谷的观测资料编制的。根据此表可以知道行星的位置，其精确度比以前的各种星表都高，直到十八世纪中叶，它一直被视为天文学上的标准星表。他于 1629 年出版《稀奇的 1631 年天象》一书，预言 1631 年 11

月 7 日水星凌日现象，12 月 6 日金星也将凌日。果然在预言的日期，巴黎的伽桑狄观测到水星通过日面。这是最早的水星凌日观测。至于那次金星凌日，因发生在夜间，在西欧看不到。

开普勒之死　开普勒对天文学作出了卓越的贡献。然而，他的一生却是在极端艰难贫困的条件下度过的。1630 年，他有几个月得不到薪俸，经济困难，不得不亲自前往雷根斯堡索取。到那里后他突然发烧，几天后就在贫病交困中去世。

［五、牛顿］

牛顿，Sir Isaac Newton（1643～1727），英国物理学家、数学家、自然哲学家和天文学家，经典物理学理论体系的建立者。生于英国林肯郡伍尔索普镇，卒于伦敦。

生平　生父是一个小农场主，死于牛顿出生前三个月。牛顿是早产儿，幼年体质赢弱。三岁时母亲改嫁一位富裕的牧师，被寄养在外祖母家中，并在那里接受启蒙和小学教育。牛顿的童年缺乏父爱和母爱，致使他性格孤僻内向，没有知心朋友。牛顿在格兰瑟姆文科学校读中学，寄宿在一位药剂师的家中。在中学阶段，他广泛阅读各类书籍，制作各种玩具，从事多种化学、物理实验。他的学习成绩不好，一度还是班级里倒数第二。直到有一次他赢得了一场与欺负他的同学之间本来实力悬殊的殴斗，才萌发出强烈的上进心，天才的一面开始展现出来，成绩也跃升前茅。

即将中学毕业时，牛顿的母亲曾要求他放弃学业接掌家庭农场。在中学校长 J. 斯托克斯和牛顿的舅父 W. 艾斯库（神父，毕业于剑桥大学）斡旋下，牛顿得

牛顿

以重续学业，并以优异成绩被推荐到剑桥大学三一学院 (1661)。由于母亲拒绝支付牛顿的学费，牛顿不得不以减费生身份入学，在课外兼做高年级学生差役。

在剑桥，牛顿极其勤奋地读书、思考，他研究了大量古代和当代人的著作，特别是有关自然哲学、数学和光学方面的，包括柏拉图、亚里士多德、N.哥白尼、伽利略、J.开普勒、R.笛卡儿、P.伽森狄、T.霍布斯、R.玻意耳的著作，以及 I.巴罗的欧几里得《几何原本》译本，并写下大量读书笔记和手稿。1665 年牛顿获得学士学位，同时获得续读研究生的资格。

1665～1666 年间，英国流行鼠疫，各大学师生被疏散，牛顿回到家乡。与此同时，牛顿度过了他一生中最富于创造力的 18 个月。这期间牛顿思考并记录了他一生最重要的科学思想和创造，包括二项式定理，由求切线方法推导出流数法（微分）和反流数法（积分），提出光的颜色理论，猜测行星椭圆轨道由服从平方反比关系的引力所决定等。他没有公开这些思考和研究成果。

1667 年剑桥大学复课，牛顿当选为三一学院研究员。1668 年牛顿获得硕士学位，留校任教，定居剑桥，发明并制作出第一台反射望远镜。1669 年，牛顿接替著名数学家 I.巴罗任卢卡斯讲座数学教授，时年 26 岁。1671 年他应邀制作第二台反射望远镜并赠送给英国皇家学会，1672 年当选为该学会会员。1678 年，由于光学研究卷入与 R.胡克和英国耶稣会教团的争论，牛顿出现神经痛引发精神崩溃，次年他的母亲去世，在随后的几年里，牛顿拒绝一切公开活动。1679 年，牛顿证明了引力的平方反比关系与行星椭圆轨道之间的对应关联。至此，牛顿的整个宇宙体系和力学理论的框架基本初步完成。1684 年，牛顿写出论文《论轨道上物体的运动》。文中证明，天上与地上的物体服从完全同样的运动规律，引力的存在使得行星及其卫星必定沿椭圆轨道运动。这篇重要论文成为写作名著《自然哲学的数学原理》（简称《原理》）的必要准备。

在 1685～1686 年中的 18 个月里，牛顿写作《原理》，该书于 1687 年在 E.哈雷的私人资助下正式出版。《原理》的出版震动了整个英国和欧洲学界，使他一跃成为当时欧洲最负盛名的数学家、天文学家和自然哲学家。1689 年，牛顿当选为国会议员。1696 年，牛顿出任造币局总监，并从剑桥移居伦敦。1701 年，他再次当选国会议员，其后不久从三一学院退休。1703 年，牛顿当选为英国皇家学会会长。1705 年，受女王册封为爵士。

　　1704 年牛顿的另一重要著作《光学》出版，这本书以英语写作。1707 年，他出版了《算数理论》，这部著作没有引起广泛重视。在他生前，《原理》出版三个版本，第二版在 1713 年，第三版在 1726 年。

《自然哲学的数学原理》扉页

　　牛顿后半生的研究强度大大减少。1693 年牛顿发生第二次精神崩溃，历经三年才逐渐复原，此后他几乎完全终止了科学研究。

　　在科学研究以外，牛顿长期致力于炼金术、《圣经》编年学和神学研究，并有所著述，留下大量手稿。

　　牛顿终生未娶。他去世之日，英国王室为他在西敏寺大教堂举行了国葬。

　　科学成就与贡献　1665 ～ 1666 年英国的大鼠疫时期是牛顿最富于创造性的时期。牛顿晚年回忆道："1665 年初，我发现了逼近级数法和把任意二项式的任意次幂化成这样一个级数的规则。同年 5 月，我发现格里高利和司罗斯的切线方法。11 月，得到了直接流数法。次年 1 月，提出颜色理论。5 月里我开始学会反流数方法。同一年里，我发现计算使小球紧贴着内表面在球形体内转动的力的方法，开始想到引力延伸到月球轨道，并且由开普勒定律、行星运动周期倍半正比于它们到其轨道中心距离。我推导出使行星维系于其轨道上的力，必定反比于它们到其环绕中心距离的平方。因而，对比保持月球在其轨道上的力与地球表面上的重力，我发现它们相当相似。所有这些都发生在 1665 ～ 1666 那两年的大鼠疫期间。那时，

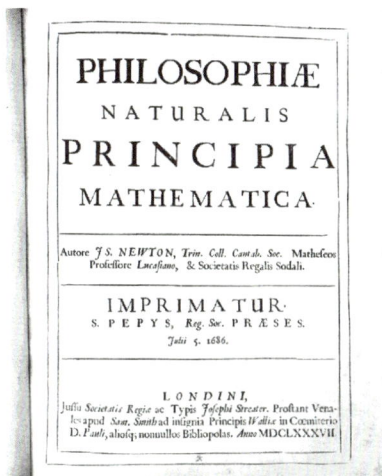

我正处于发明初期，比以后任何时期都更多地潜心于数学和哲学。"

牛顿的手稿见证了所有这些发现。尽管大鼠疫时期牛顿奠定了他一生全部重要科学发现的基础，但他的科学研究成果却是在以后几十年里逐渐成熟并公之于世的。牛顿的前半生 (45 岁以前) 极富于科学创造性，大致可以分为三个阶段，分别集中在数学、光学和力学及运动学方面。牛顿最富于成果的科学活动，则见于 1685～1686 间，这期间他写作了《原理》。

在光学方面，牛顿从光学研究开始步入科学共同体。1669 年，牛顿发明并制作了第一台反射式望远镜，镜长 6 英寸 (1 英寸 = 2.54 厘米)，直径 1 英寸，放大率约 30～40 倍。这种望远镜避免了伽利略发明的折射望远镜的像差和色散。1671 年，牛顿应英国皇家学会之邀制作了第二台改进型反射望远镜，赠送给皇家学会。由于这一研究贡献，牛顿当选为皇家学会会员 (1672)。

早在 1666 年，牛顿就进行了光线穿过小孔和三棱镜的实验观察，发现太阳光经过三棱镜后分解为彩色光带。在随后的研究中牛顿表现出揭示事物本质特征的超凡能力。他用小孔取出一种颜色的光，令它通过第二个三棱镜，观察到光线没有进一步分解，于是他得出结论：太阳光是由多种颜色不同的光混合而成的，单色光是光的基本成分，由此他发展出后世称为光的"微粒说"的颜色理论。他还创造出"判决性实验"概念，他认为他的光的颜色理论是经过判决性试验验证的。自然哲学理论必定要经过判决性实验的检验。

虽然牛顿的主要光学研究在 17 世纪 70 年代进行，但是他的最重要的光学著作《光学》出版于 1704 年，其主要原因是他的光本性理论受到同时代的 R. 胡克和 C. 惠更斯等人的强烈批评。《光学》在牛顿生前出版三个版本，他还校订了该书的第 4 版 (出版于他死后的 1730 年)。《光学》着重研究了牛顿环现象和光折射现象。由于坚持光波动说的两个强有力的反对者胡克和惠更斯已经去世，牛顿在《光学》中论述的光本性及其微粒说得以成为主流学说，直到 19 世纪初 T. 杨实验验证光的波动说为止。20 世纪量子力学提出后光的波粒二象性得到公认，微粒学说又再次得以确认。

《光学》最有价值部分是附在书末的附录"疑问"部分，特别是英文发表的第二版(1717～1718)中的"疑问"。其中，牛顿提到物体会导致远距离光线弯曲；热包含有物体的振动；热辐射由以太振动传递；光线由发光物体发射的微小颗粒组成；光线由于其微小颗粒的引力或其他的力会引起它所作用的物体的振动；振动是引起视觉的原因。至

牛顿发明并制作的反射望远镜

于光的本性，经过胡克和惠更斯的批评，牛顿虽然仍倾心于微粒说，但他把微粒与以太振动相联系，猜测周期性是波动的基本特征，而波长则对应着的特定颜色。虽然牛顿也使用以太概念，但他倾向于以太很可能不存在，即使存在也必定十分稀薄，它对物体运动的阻力可以忽略不计。关于这一点，牛顿重申了他在《原理》中已经表明过的立场：自然哲学的职责是追究现象而不是构造假说。

在其他方面，牛顿的力学、运动学和天体力学主要成果集中体现在《原理》之中。牛顿定义了时间和空间概念，定义了作用和力以及运动等概念，这些概念和定义沿用至今。他以公理形式提出了著名的牛顿运动三定律。当他把第二定律带入开普勒行星运动第三定律时，得到了椭圆轨道运动受到距离平方反比引力作用的关系。牛顿证明，这一关系适用于太阳与地球、地球与月球以及木星与其卫星，这就是著名的万有引力定律。在这部著作中，牛顿用统一的概念、理论体系详尽地解释了当时所知的几乎全部运动现象，包括物体、流体、落体、摆体等的运动，包括行星、彗星、及行星卫星（月球、木星卫星）的运动，还包括海洋潮汐运动。

荣誉、性格及其他　牛顿的科学创造生涯持续到《原理》发表，当时牛顿45岁。其后近40年牛顿主要以科学界领袖、社会贤达、政府官员身份活动。他从

未离开过英国，《原理》出版带给他世界声誉，他是剑桥大学三一学院硕士和院士，卢卡斯数学讲座教授，皇家学会会员，法国科学院外籍院士，英国皇家学会主席，被册封为英国历史上第一个自然哲学家爵士。

牛顿是个谦逊的人，他晚年回顾自己一生成就时曾说自己是一个在海滩上捡拾贝壳的男孩，对真理的汪洋大海一无所知。但是，由于早年的不幸经历，他在性格上既有内向深思的一面，也有争强好胜、为达到目的不择手段的一面。他在学术生涯中一直伴随着各种争论。1672年，初入皇家学会的牛顿提交了《论光的本性》论文，然而这篇论文遭到分别提出和发展光的波动说的皇家学会秘书胡克和欧洲当时最伟大的几何学家惠更斯的强烈批评，由此引发牛顿与胡克等人之间长达四年之久的第一场论战。参加论战的人中还有英国耶稣会教团，他们认为牛顿的实验及其理论解释是错误的。胡克后来又进一步指责牛顿剽窃他的光学研究成果，引发牛顿的狂怒，致使他孤独自闭，中断与外界交往达六年之久，而且此后再也没有发表光学研究成果，并在《原理》出版后众望所归的情势下拒绝担任皇家学会主席，直到1703年胡克去世。

牛顿重新回到学术研究是在1679年，当时他与胡克之间关于光的本性的争论已经过去多年，胡克致信牛顿建议二人恢复联络，提出研究行星的轨道运动与向心力作用之间的关系。牛顿对此未作回应，但又不禁向胡克提出另一个设想：考虑地球上的一座高塔，重物从塔顶下落，由于塔顶的切向速度大于塔座，重物将会落在塔的东侧，他还画了一张草图标出重物的下落轨迹，轨迹是一条通过地心的螺旋线的一部分。胡克立即回信告诉牛顿错了，重物的轨迹应当是椭圆而不是螺旋线。牛顿对于被胡克纠正十分不悦，他用引力定常假设纠正了胡克的草图，而胡克又再次告诉牛顿引力不是常量，而是与距离平方成反比。胡克公开了二人之间的通信内容，破坏了与牛顿之间达成的协议，导致牛顿与胡克决裂。多年后，胡克以这些通信为证据指责牛顿在《原理》一书中剽窃他的研究成果。然而，胡克的平方反比思想只是直觉猜测，他无法把这一关系从开

普勒定律中推导出来，他不知道牛顿早已深入研究过椭圆轨道与平方反比关系问题。不过牛顿也承认，与胡克的争论提示他平方反比的引力指向椭圆轨道的一个焦点，而且平方反比关系可能是引力的一个普适关系。由于这场与胡克之间的关于引力问题的争吵，加之母亲去世打击，牛顿再次拒绝公开活动长达三年。

在写作《原理》过程中，胡克通过哈雷要求分享平方反比定律优先权，牛顿再次被激怒，几乎使该书写作流产。《原理》出版后，欧洲学者中有人指责牛顿书中使用的微积分技术是剽窃德国数学家 G.W. 莱布尼茨的，由此引发影响远达一百余年的国际争论。牛顿为了证明自己的原创地位，不惜匿名发表文章攻击莱布尼茨及其支持者（如 D. 伯努利），并利用皇家学会主席身份和职权组织自己的门生信徒调查取证，迫使莱布尼茨去世前承认曾阅读过牛顿 1669 年手稿，反证莱布尼茨剽窃牛顿。这场与莱布尼茨的争吵长达 25 年，莱布尼茨去世并没有使牛顿罢手，直到牛顿去世才告终结。莱布尼茨独立发明微积分术迟至 19 世纪中期才得公认。

在与莱布尼茨等人争夺优先权的同时，牛顿还对自己的忠实门徒 R. 科茨（《原理》第二版序作者）由热情转为冷淡，原因是科茨由于疏忽未能纠正《原理》第一版中的错误，莱布尼茨等人原打算利用这个错误对牛顿再度发起攻击，科茨由此忧伤过度英年早逝。为了防范对手对自己的月球理论的攻击，牛顿还在哈雷的帮助下利用职权任意删节甚至篡改格林尼治天文台长 J. 弗拉姆斯蒂德的观测结果，致使后者的终生天文观测和研究成果几乎毁于一旦。

在科学活动之外，牛顿大部分时间和精力用于炼金术、圣经编年学和神学研究。他写作过几篇圣经研究论文，纠正他所认为的流传到当时的圣经版本中的讹误。他认为圣经中隐藏着上帝创世时的密码，但遭到历代僧侣的篡改，而他的使命之一就是要恢复圣经的原貌。他还深受 R. 玻意耳等人影响，认为炼金术中包含有重要的宇宙机密，它只能由精英人物破解，而不能被普通人知晓。他的两次精神崩溃与沉迷于炼金术研究中毒不无关系。牛顿虽然有着深沉的宗教信仰，但他极端厌恶和怀疑教会僧侣。他的神学见解在当时属于异端，他曾写过一篇反对三位一体说的论文，在 D. 洛克安排发表时他出于畏惧宗教迫害又予以收回。他反对通过内省可以认识上帝，认为真正的上帝是不可知的，而要认识上帝则"非自然哲学莫属"——需要进行数学和实验研究。这些见解在他的《原理》"总释"中得到清晰的表述。这样的见解有利于科学研究，也是他的科学研究和科学成就的重要原动力。

在研究和学术活动之外，牛顿是个活跃老练的社会活动家和政客。牛顿当选国会议员之后，曾坚决反对英王詹姆斯二世用天主教取代国教的企图，在抵制天主教会人员入主剑桥大学过程中居功甚伟。凭着这个政治成就他连任国会议员。在伦敦的政治与社交活动，使得牛顿有机会结识哲学家和社会活动家 J. 洛克等人，并赢得政府要职，成为女王的大臣。在造币厂总监职位上，牛顿提高了管理效率，成功地排挤并取代了自己的上司厂长，又在维护国币信誉和打击伪币制造方面卓有成效。在皇家学会主席任上，牛顿运用强有力的行政手段一改学会的涣散风气，把自己的门生信徒安插到皇家学会和英国所有的重要大学，成为英国新一代信奉牛顿学说的年轻科学家的保护人。

牛顿死后为三个同母异父的弟妹和众多亲属留下多达两万英镑的遗产。他还留下大批手稿，其中除一小部分与数学和自然哲学有关之外，大部分都是炼金术、神学和圣经研究手稿。

［六、哈雷］

哈雷，Edmond Halley（1656～1742），英国天文学家、数学家和地球物理学家。生于伦敦附近的哈格斯顿，卒于格林尼治。1673 年进牛津大学女王学院学习，1703 年任牛津大学教授，1720 年任格林尼治天文台台长。

哈雷

1676 年放弃获得学位的机会，去南大西洋的圣赫勒拿岛。在那里建立了南半球的第一个天文台，并测编了第一个南天星表和星团，包含 341 颗南天恒星的黄道坐标。1678 年星表发表后被选为皇家学会会员。1691 年提出利用金星凌日测定太阳视差的方法。1695 年预言月球的平均运动存在长期加速现象，后此说得到证实。哈雷编纂了大量彗星的观测记录，并且是第一个全力以赴地从事彗星轨道计算的人。1705 年发表《彗星天文学论说》一书，阐述了 1337～1698 年观测到的 24 颗彗星的轨道。他发现 1531 年、1607 年和 1682 年出现的 3 颗大彗星具有十分相似的轨道。由此，首先利用万有引力定律推断这是同一彗星，每隔 75～76 年回归一次，并且预言这颗彗星将于 1758 年底或 1759 年初再度回归。这颗彗星果然如期而至，后来称它为哈雷彗星。1717 年，哈雷还发现了天狼、南河三和大角三颗星的自行，打破了恒星静止不动的传统观念。

在数学方面，哈雷对高等几何、对数计算和三角函数有精深的研究，

1690～1693 年提出了级数展开的独特方法。

在地球物理学方面，哈雷于 1668 年首先发现信风，系统研究主要风系与主要海流的关系；1687 年创制蒸发器，并用于测量地中海海水的蒸发量，成为现代水文学的奠基人之一；1688 年绘制成北纬 30° 到南纬 30° 的信风和季风分布图；1692 年采用磁角线（即哈雷线）作为海上确定经度的方法；1701 年制成大西洋和太平洋地磁图。他还曾研究地球引力场，证实赤道附近的地心引力小于高纬度地区。

［七、爱因斯坦］

爱因斯坦

爱因斯坦，Albert Einstein（1879～1955），美籍犹太裔，20 世纪最伟大的自然科学家之一。生于德国符腾堡乌耳姆一个经营电器作坊的犹太人家庭，卒于美国新泽西普林斯顿。1880 年随全家迁居慕尼黑。父亲和叔父在那里合办一个为电站和照明系统生产电机、弧光灯和电工仪表的电器工厂。在任工程师的叔父等人的影响下，爱因斯坦较早地受到科学和哲学的启蒙。1894 年，全家其他人迁到意大利米兰。继续在慕尼黑上中学的爱因斯坦因厌恶德国学校窒息自由思想的军国主义教育，自动放弃学籍和德国国籍，只身去米兰。1895 年转学到瑞士阿劳市的州立中学，1896 年进瑞士苏黎世联邦理工学院师范系学习物理学，1900 年毕业。由于他的落拓不羁的性格和独立思考的自学习惯为教授们所不满，大学一毕业就失业。1900 年春取得瑞士国籍。1902 年被伯尔尼瑞士专利局录用为技术员。他利用业余时间开展科学研究，于 1905 年在物理学三个不同领域中取得了历史性成就。同年，以论文《分子大小的新测定法》取得苏黎世大学的博士学位。

《中国大百科全书》普及版◎ 巡天遥看一千河——无垠的宇宙 xuntianyaokanyiqianhe wuyindeyuzhou

1909 年离开专利局任苏黎世大学理论物理学副教授。1911 年任布拉格德国大学理论物理学教授。1912 年任母校瑞士苏黎世联邦理工学院教授。1914 年，应 M.普朗克和 W.H.能斯特的邀请，回德国任威廉皇帝物理研究所所长兼柏林大学教授，直到 1933 年。在此期间 1920 年曾应 H.A.洛伦兹和 P.厄任费斯脱的邀请，兼任荷兰莱顿大学特邀教授。回德国不到 4 个月，第一次世界大战爆发，他投入公开的和地下的反战活动。经过 8 年艰苦的探索，于 1915 年建立了广义相对论。爱因斯坦和相对论在西方成了家喻户晓的名词，同时也招来了德国和其他国家的沙文主义者、军国主义者和排犹主义者的恶毒攻击。1933 年 1 月纳粹攫取德国政权后，爱因斯坦是科学界首要的迫害对象，幸而当时在美国讲学，未遭毒手。3 月他回欧洲后避居比利时，9 月 9 日发现有准备行刺他的盖世太保跟踪，星夜渡海到英国，10 月转到美国普林斯顿，在新建的高级研究院任教授，直至 1945 年退休。1940 年取得美国国籍。1939 年他获悉铀核裂变及其链式反应的发现，在匈牙利物理学家 L.西拉德推动下，上书罗斯福总统，建议研制原子弹，以防德国占先。第二次世界大战结束前夕，美国在日本两个城市上空投掷原子弹，爱因斯坦对此强烈不满。战后，为开展反对核战争的和平运动和反对美国国内法西斯危险，进行了不懈的斗争。1955 年因主动脉瘤破裂逝世。

1. 科学贡献

爱因斯坦的科学生涯开始于 1900 年冬天，至 1904 年，他每年都写出一篇论文，发表于德国《物理学杂志》。头两篇是关于液体表面和电解的热力学，后转而研究热力学的力学基础，1902～1904 年间的三篇论文都属于这一领域。1902 年的论文就是从力学定律和概率运算推导出热平衡理论和热力学第二定律。1904 年的论文认真探讨了统计力学所预测的涨落现象，发现能量涨落（或体系的热稳定性）取决于玻耳兹曼常数。他把这一结果大胆地用于辐射现象，得出辐射能涨落公式，使他于 1905 年在辐射理论和分子运动论两个方面同时作出重大突破。1905 年，爱因斯坦在科学史上创造了除 I. 牛顿之外的又一个奇迹年，他在物理学的三个不同领域（布朗运动和分子实在性、光量子论、狭义相对论）作出了有划时代意义的贡献。

布朗运动和分子实在性　关于分子、原子是否存在的问题，即使在化学和物理学上有许多研究成果表明它们的存在，但科学家、哲学家中仍有些人持反对意见。1895 年以来，以 W. 奥斯特瓦尔德为代表的"唯能论"和以 L. 玻耳兹曼为代表的"原子论"展开了激烈辩争。玻耳兹曼在斗争中深感孤独、忧闷，导致精神失常于 1906 年自杀。布朗运动是 1827 年植物学家 R. 布朗发现的，它显示出悬浮水中微粒的无规则运动。爱因斯坦的博士论文是研究布朗运动的前奏。他反对那些认为布朗运动可能导致第二种永动机存在的说法，并确信布朗运动使我们在显微镜下可以证实我们称为分子的那种热运动。由于分子的实在性是统计物理学的物质基础，因此爱因斯坦曾以多种方式研究它，并进而提出测定阿伏伽德罗常数 N 的方法。

爱因斯坦的博士论文理论计算的 N 值，经第二年修正和后来 J.B. 佩兰的指正为 6.6×10^{23}。此前，爱因斯坦在论光电效应的论文中，利用黑体辐射长波极限，测得 $N = 6.17 \times 10^{23}$。在 1905 年 5 月发表的和 1905 年 12 月完稿的有磁布朗运动两篇论文中，爱因斯坦共提出另外三种测定 N 值的方法。1907 年在《普朗克辐射理论和比热理论》一文中，提供了一种 N 值测定法。1910 年，爱因斯坦又利用临界浮光测定 N 值。各种各样的方法得到近似的 N 值，让人们确认了分子的实在性。对此作出多种实验验证的佩兰曾指出，此后"要对分子假设持敌对态度，那将是困难的"。奥斯特瓦尔德也在 1908 年不得不认输，承认"充满空间的物质是由原子组成的"。佩兰因布朗运动的实验研究获 1926 年诺贝尔物理学奖。

光量子论　1905 年 3 月写的论文《关于光的产生和转化的一个推测性的观点》把普朗克 1900 年提出的量子概念扩充到光在空间中的传播，提出光量子假说，

认为：对于时间平均值（即统计的平均现象），光表现为波动；而对于瞬时值（即涨落现象），光则表现为粒子。这是历史上第一次揭示了微观客体的波动性和粒子性的统一，即波粒二象性。这篇论文还把玻耳兹曼提出的"一个体系的熵是它的状态的概率的函数"命名为玻耳兹曼原理。他用光量子概念轻而易举地解释了光电现象，推导出光电子的最大能量同入射光的频率之间的关系。由于他的光电效应定律的发现，爱因斯坦获得了1921年诺贝尔物理学奖。爱因斯坦的光量子论，遭到几乎所有老一辈物理学家的反对，但他仍坚持不懈地发展它。1906年他把量子概念扩展到物体内部的振动上，基本上说明了低温条件下固体的比热同温度间的关系。1916年他发表了《关于辐射的量子理论》论文，提出关于辐射的吸收和发射过程的统计理论，从N.玻尔1913年的量子跃迁概念，推导出普朗克的辐射公式。论文中提出的受激发射概念，为20世纪60年代蓬勃发展起来的激光技术提供了理论基础。在光量子论所揭示的波粒二象性概念的启发下，1923年L.V.德布罗意提出物质波理论。爱因斯坦审查德布罗意关于物质波理论的博士论文，确认该文的价值。1924年当爱因斯坦收到印度青年物理学家S.玻色关于光量子统计理论的论文时，便把这理论同物质波概念结合起来，提出单原子气体的量子统计理论。这就是关于整数自旋粒子所服从的玻色－爱因斯坦统计（量子统计法）。受爱因斯坦这项工作的启迪，E.薛定谔把德布罗意波推广到束缚粒子，于1926年建立了波动力学。美国物理学家A.派斯认为："爱因斯坦不仅是量子论的三元老（指普朗克、爱因斯坦和玻尔）之一，而且是波动力学唯一的教父。"

狭义相对论　1905年6月爱因斯坦写了一篇开创物理学新纪元的论文《论动体的电动力学》，完整地提出狭义相对性理论。该文在很大程度上解决了19世纪末出现的古典物理学的危机，推动了整个物理学理论的革命。他从自然界的统一性的信念出发，考察了这样的问题：牛顿力学领域中普遍成立的相对性原理，为什么在电动力学中却不成立？根据M.法拉第的电磁感应实验，这种不统一性显然不是电磁感应现象所固有的，问题一定在于古典物理理论基础。他吸取了E.马赫对牛顿的绝对空间与绝对时间概念的批判，从考察两个在空间上分隔开的事件的"同时性"问题入手，否定了没有经验根据的绝对同时性，进而否定了绝对时间、绝对空间，以及"以太"的存在。他把伽利略发现的力学运动的相对性这一基本实验事实，提升为一切物理理论都必须遵循的基本原理；同时又从斐索实验和光行差概念出发，将光在真空中总是以一确定速度 c 传播而不论光源运动与否这一基本事实提升为原理。要使相对性原理和光速不变原理同时成立，不同惯性系的坐标之间的变换就不可能再是伽利略变换，而应该是另一种类似于洛伦兹1904 年发现的那种变换。对于洛伦兹变换，空间和

质能关系与原子弹爆炸

时间长度不再是不变的，但包括麦克斯韦方程组在内的一切物理定律却是不变（即协变）的。原来对伽利略变换是协变的牛顿力学定律，必须加以改造才能满足洛伦兹变换下的协变性。这种改造实际上是一种推广，是把古典力学作为相对论力学在低速运动时的一种极限情况。这样，力学和电磁学也就在运动学的基础上统一起来。1905 年 9 月，爱因斯坦写了《物体的惯性同它所含的能量有关吗？》一文，揭示了质量 m 和能量 E 的相当性，$E=mc^2$，由此解释了放射性元素（如镭）所以能释放出大量能量的原因。这为 20 世纪 40 年代实现的核能的释放和利用开辟了道路。

广义相对论　狭义相对论建立后，爱因斯坦把相对性原理的适用范围推广到非惯性系。他从伽利略发现的引力场中一切物体都具有同一加速度这一事实找到了突破口，于 1907 年提出了等效原理："引力场同参照系的相当的加速度在物理上完全等价"。并且由此推论：在引力场中，钟要走得快，光波波长要变化，光线要弯曲。爱因斯坦认为等效原理的发现是他一生中最愉快的思索。1912 年初，

他意识到在引力场中欧几里得几何并不严格有效。同时他还发现：洛伦兹变换不是普适的，需要寻求更普遍的变换关系；为了保证能量－动量守恒，引力场方程必须是非线性的；等效原理只对无限小区域有效。解决这些问题，他在数学上遇到了困难。1912 年他离开布拉格回到苏黎世母校工作。在 M.格罗斯曼教授的帮助下，他学习了黎曼几何和张量分析。他们于 1913 年发表了重要论文《广义相对论纲要和引力理论》，提出了引力的度规场理论。这是首次把引力和度规结合起来，使黎曼几何获得实在的物理意义。可是他们当时得到的引力场方程只对线性变换是协变的，还不具有任意变换下的协变性。1915 年 10 月至 11 月他集中精力探索新的引力场方程，于 4、11、18 和 25 日接连向普鲁士科学院提交了 4 篇论文。在第一篇论文中他得到了满足守恒定律的普遍协变的引力场方程，但加了只允许幺模变换下的限制。第三篇论文中，根据新的引力场方程，推算出光线经太阳表面所发生的偏折是 1″74（这一预言于 1919 年由爱丁顿等通过日食观测得到证实）；同时还推算出水星近日点每 100 年的剩余进动值是 43″，同观测结果完全一致，完满地解决了 60 多年来天文学中一大难题。第四篇论文《引力的场方程》中，他放弃了对变换群的不必要限制建立了真正普遍协变的引力场方程，宣告"广义相对论作为一种逻辑结构终于完成了"。

1916 年 6 月爱因斯坦研究引力场方程的近似积分，发现一个力学体系变化时必然发射出以光速传播的引力波。引力波的存在曾引起一些科学家的异议。1974 年开始，通过 4 年测定射电脉冲双星 PSR1913+16 的周期变化，许多人认为它完全符合引力波阻尼理论所作的预言。1979 年宣布间接证实了引力波的存在。在强引力场情况下，广义相对论有许多独特的结论。如 J.R.奥本海默根据广义相对论预言，恒星在核能用尽之后，如果质量足够大，就不可避免地会演变成黑洞。1967 年发现脉冲星并证实为中子星后，认识到天空中的确存在着强场天体。天鹅座 X-1 现在被认为可能就是一个黑洞。1917 年爱因斯坦用广义相对论的结果来研究整个宇宙的时空结构，发表了开创性论文《根据广义相对论对宇宙学所作的考察》。像他多次以一篇论文开创一个领域一样，这篇论文宣告了相对论宇宙学的诞生。在探索宇宙学中爱因斯坦首先指出无限宇宙与牛顿理论之间存在着难以克服的内在矛盾。根据牛顿力学不能建立无限宇宙这一物理体系的动力学。从牛顿理论和无限宇宙这两点出发，根本得不到一个自洽的宇宙模型，因此必然是：或者修改牛顿理论，或者修改无限空间观念，或者二者都加以修改。爱因斯坦放弃了传统的宇宙空间三维欧几里得几何的无限性，根据广义相对论建立了静态有限无界的自洽的动力学宇宙模型。在这个模型中，宇宙就其空间广延来说是一个闭合的连续区。这个连续区的体积是有限的，但它是一个弯曲的封闭体，因而是没有边界的。他在宇宙学的研究中引进用动力学建立宇宙学模型的方法。引进了宇宙学原理、弯曲空间等新概念。

爱因斯坦（左）与爱丁顿讨论光受大质量的物体影响产生偏离的现象

而且主张，宇宙的体积是无限的或是有限的这个问题，只有依靠科学而不是依靠信仰才能解决。他曾说："科学研究能破除迷信，因为它鼓励人们根据因果关系来思考和观察事物。"因此，无论是同意或反对他的宇宙观念的人，都不能不承认爱因斯坦在宇宙学中写下了十分光辉的一页。

统一场论 爱因斯坦要把广义相对论再加以推广，使它不仅包括引力场，也包括电磁场。他认为这是相对论发展的第三个阶段，而且要把相对论和量子论统一起来，为量子物理学提供合理的理论基础。他希望在试图建立的统一场论中能够得到没有奇点的解，可用来表示粒子，也就是企图用场的概念来解释物质结构和量子现象。最初的统一场论是数学家 H. 外尔于 1918 年把通常的四维黎曼几何加以推广而得到的。对此，爱因斯坦表示赞赏，但指出这一理论与一切氢原子都

有同样光谱的事实相抵触。接着数学家 T.F.E. 卡鲁查于 1919 年试图用五维流形来达到统一场论，得到了爱因斯坦的高度赞扬。他 1922 年完成的第一篇统一场论的论文就是与卡鲁查的理论相关的阐述。1925～1955 年，除了关于量子力学的完备性问题、引力波以及广义相对论的运动问题以外，爱因斯坦几乎把全部的科学创造精力都用于统一场论的探索。1937 年从广义相对论的引力场方程推导出运动方程，进一步揭示了空间－时间、物质、运动之间的统一性，这是广义相对论的重大发展，也是他在科学创造活动中所取得的最后一个重大成果。可是在统一场论方面，他始终没有成功。他碰到过无数次失败，但从不气馁，每次都满怀信心地从头开始，一直到临终前一天，还在病床上准备继续统一场论的数学计算。历史的发展没有辜负他，20 世纪 70 年代和 80 年代一系列实验有力地支持电弱统一理论，统一场论的思想以新的形式显示它的生命力，为物理学未来的发展提供了一个大有希望的前景。

2. 和平卫士、唯理论者

爱因斯坦在科学思想上的贡献，只有 N. 哥白尼、牛顿和 C.R. 达尔文可以与之媲美。可是他同时以极大的热忱关心社会，关心政治。他说："人只有献身于社会，才能找出那实际上是短暂而有风险的生命的意义。"他爱憎分明，有强烈的是非感和社会责任感。1933 年他同刚上台的纳粹进行斗争时，他的挚友 M.von 劳厄劝他采取克制态度，他斩钉截铁地回答："试问，要是 G. 布鲁诺、B. 斯宾诺莎、伏尔泰和 A.von 洪堡也都这样想，这样行事，那么我们的处境会怎样呢？我对我说过的话没有一个字感到后悔，而我相信我的行为是在为人类服务。"他一贯反对侵略战争，反对军国主义和法西斯主义，反对民族压迫和种族歧视，为人类进步和世界和平进行不屈不挠的斗争。1914 年第一次世界大战爆发时，他在一份仅有 4 人赞同的反战宣言上签了名，随后又积极参加地下反战组织"新祖国同盟"的活动。他对 1917 年俄国十月革命和 1918 年德国十一月革命都热情支持。第一次世界大战后，他致力于恢复各国人民相互谅解的活动，结果事与愿违。1933 年纳粹的得逞，使他改变了反对一切战争和暴力的绝对和平主义态度，号召各国人民起来同这帮吃人的野兽进行殊死的武装斗争。出于对法西斯的憎恨，促使他于1939 年建议罗斯福总统抢在德国之前研制原子弹。第二次世界大战后，原子弹成为人类安全的极大障碍。他向全世界人民大声疾呼，要尽全力来防止核战争。他逝世前 7 天签署的《罗素－爱因斯坦宣言》，是当代反核战争和平运动的重要文献。爱因斯坦关心受纳粹残杀的犹太人的命运。第二次世界大战后他始终强调以色列同阿拉伯各国之间应"发展健康的睦邻关系"。1922 年底到 1923 年初，爱因斯坦赴日本讲学曾两次路过上海。第一次路过上海时，瑞典驻上海总领事将他获 1921 年底诺贝尔物理学奖的消息正式通知爱因斯坦本人，大学生在南京路上将爱因斯坦高高举起。两次在上海的见闻使爱因斯坦对处于水深火热中的中国劳动人民的苦难寄予深切同情。

爱因斯坦的科学成就和社会政治活动都同他的哲学思想密切相关。主要受到三方面的影响：首先是如列宁所说的作为一个严肃的科学家所必然具有的自然科学唯物论（爱因斯坦称为"实在论"）的传统。其次是他终生景仰并作为自己人生榜样的斯宾诺莎的唯理论思想。这主要是相信自然界的统一性和合理性，相信人的理性思维能力。第三方面的影响来自 D. 休谟和马赫的经验论和他们的批判精神（爱因斯坦称之为"怀疑的经验论"）。休谟要求一切在传统上被认为是先验的东西都回到经验基础上来，这是哲学史上的重大突破。马赫对牛顿的绝对空间概念的批判，也给爱因斯坦很大启发。由于爱因斯坦坚持唯理论的唯物论，他对实证论（包括操作论）思潮采取抵制态度。1927 年开始关于量子力学的解释问题同以玻尔为首的哥本哈根学派之间的长期激烈争论，就是基于这样的认识。他把对方的观点归于实证论，认为它必然导致唯我论。他是把统计理论用于量子物理学的先驱，但他对统计性的量子力学感到不满足，认为这只是过渡性的，不完备的，不能为量子理论的进一步发展提供理论出发点。他感觉到他的"科学本能"

同当时理论物理学界流行的哲学倾向格格不入；他虽然孤单，但依然信心十足，且常用德国启蒙思想家 G.E. 莱辛的名言来自勉："对真理的追求要比对真理的占有更为可贵。"爱因斯坦的一生，正是这种永不固步自封地对真理的探索精神的体现。

[八、哈勃]

哈勃，Edwin Powell Hubble（1889～1953），美国天文学家，星系天文学的奠基人，观测宇宙学的开创者之一。生于密苏里州马什菲尔德，卒于加利福尼亚州圣马里诺。1910 年，毕业于芝加哥大学天文系，后赴英改学法律。1913 年返美，在肯塔基州从事法律事务。1914 年重返天文界，1917 年获博士学位。从1919 年起，在威尔逊山天文台工作 30 多年，直到去世。

哈勃

1914 年，他在叶凯士天文台开始研究星云的本质，提出有一些星云是银河系内的气团。他发现亮银河星云的视直径同使星云发光的恒星亮度有关。并推测另一些星云，特别是具有旋涡结构的，可能是更遥远的天体系统。1919 年他用当时世界上最大的 1.5 米和 2.5 米反射望远镜照相观测旋涡星云。1924 年发现仙女座大星云的造父变星，根据周光关系，推算出它在银河系之外，是和银河系一样的恒星系统。当 1924 年底他在美国天文学会上宣布这一发现时，与会的天文学家都意识到，多年来关于旋涡星云是近距天体还是银河系之外的宇宙岛的争论就此结束，从而揭开了探索大宇宙的新的一页。

20 世纪初，V.M. 斯里弗对旋涡星云光谱作过多年研究，发现谱线红移现象。哈勃在此基础上，并根据自己测定的距离资料，于 1929 年指出星系的距离越远，红移越大。若假设红移是星系视向运动的多普勒效应，则红移－距离关系表明，越远的星系退行的速度越大，从而意味着那部分宇宙在膨胀。后来把红移－距离之间的线性关系称为哈勃定律。

此外，哈勃在1925年提出了河外星系的形态分类法，被称为哈勃分类法。此法将星系分旋涡、棒旋、椭圆和不规则四大类，一直沿用至今。1928年，哈勃还提出蟹状星云是中国古代记录到的1054年超新星爆发遗迹的观点。

哈勃于1936年出版的《星云世界》和1937年发表的《用观测手段探索宇宙学问题》两部书都是现代天文学名著。

[九、霍金]

霍金

霍金，Stephen William Hawking（1942～2018），英国理论物理学家、数学家。生于牛津。1959年入牛津大学就读，1962年入剑桥大学攻读研究生，1965年获哲学博士学位。从1966年开始，一直在剑桥大学从事研究：1968年任职于理论天文学研究所，1973年为应用数学和理论物理系研究助理，1977年升任为引力物理学教授。1980年任剑桥大学卢卡斯讲座教授，300多年前I.牛顿曾任此职。

霍金从事广义相对论、特别是理论天文学、引力理论、空时奇异性（黑洞、引力坍缩）和数学物理的研究。1966～1967年提出，任何可能有的宇宙论中广义相对论解都应具有奇异性。1971年提出，在宇宙大爆炸后可能形成数以百万计的微小黑洞，它们将10亿吨的物质集中在一个质子大小的空间内。这种黑洞因其质量极大而需遵循相对论规律，因其体积极小又需遵循量子力学规律。通过这

种黑洞理论，有助于将相对论和量子力学联系起来。1971～1972 年，他建立了黑洞热力学第二定律。1974 年预言黑洞"蒸发"的量子过程，提出根据量子论，黑洞能不断产生物质，释放亚原子粒子，并在其能量耗尽的最后时刻发生爆炸。天文学家正在据此搜索能说明这种爆炸黑洞存在的 γ 射线爆发和射电爆发。他还研究大爆炸中氦的形成，在双星系统中存在黑洞的可能性，引力波探测器、多维时空理论中的"M 理论"（Membrane 理论）等。

霍金于 1974 年当选英国皇家学会会员，1975 年获爱丁顿奖章，1976 年获麦克斯韦奖章和休斯奖章，1978 年获爱因斯坦奖章。他写过许多科普文章和作品，其中《时间简史——从大爆炸到黑洞》一书从 1988 年出版以来已被译成中文和其他多种文字。

1963 年，霍金被诊断患有罕见的肌萎缩性脊髓侧索硬化症；1984 年，由于气管切开术，使他完全丧失说话能力。疾病的折磨，令他行动极为困难。他以坚强的毅力和勇气，以残疾之躯坚持不懈地进行科学探索，在黑洞和宇宙起源的大爆炸原理的研究上开拓了了解宇宙的视野，从而备受人们的尊敬。1974～1975 年他带着重病赴美国加州理工学院任客座教授。1985 年、2002 年、2006 年，霍金曾三次来中国。（2012 年 1 月 8 日霍金曾预言，地球将在千年内面临如核战或温室效应之类的大灾难，人类只有在火星或太阳系其他星球移民，才能避免灭绝）。

［十、加加林］

加加林，Yury Alekseyevich Gagarin（1934～1968），苏联航天员。世界第一名航天员。生于格扎茨克区克卢希诺镇，卒于莫斯科附近。

1955 年从萨拉托夫工业技术学校毕业后参军。1957 年在奇卡洛夫第一军事航空飞行员学校结业，同年成为红旗北方舰队航空兵歼击机飞行员。1960 年被

加加林

选为航天员。1961 年 4 月 12 日，他驾驶“东方”1 号飞船完成有史以来的人类首次太空飞行。1961 年 4 月 14 日，被授予苏联英雄称号。加加林后来去茹科夫斯基空军工程学院进修，1968 年毕业，同年在一次练习飞行中因飞机失事遇难。1962 ~ 1968 年当选为苏联第六、七届最高苏维埃代表，曾获列宁勋章。为纪念他，苏联将他的出生地改名为加加林区；国际航空联合会设立了加加林金质奖章；月球背面的一座环形山也以他的名字命名。主要著作有《通向宇宙之路——苏联航天员札记》（1969）、《炽热的感情！》（1971）。

［十一、阿姆斯特朗］

阿姆斯特朗

阿姆斯特朗，Neil（Alden）Armstrong（1930 ~ 2012），美国航天员，第一个登上月球的人。

生于俄亥俄州瓦帕科内塔。1946 年取得飞行员证书。1949 ~ 1952 年为海军飞行员。1955 年毕业于珀杜大学航空技术专业。同年在刘易斯研究中心当试飞员，后为 X-15 火箭飞机驾驶员。1962 年 9 月被选为航天员。1966 年 3 月 16 日与 D.R. 斯科特合乘“双子星座”8 号飞船进入太空，在绕地球第四圈飞行时与“阿金纳”目标飞行器会合，完成飞船太空对接任务。1969 年 7 月 16 ~ 24 日，作为“阿波罗”11 号飞船指令长与登月舱驾驶员 E.E. 奥尔德林和指挥舱驾驶员 M. 柯林斯完成人类首次登月飞行。7 月 20 日格林尼治时间 20 时 17 分，阿姆斯特朗和奥尔德林乘登月舱"鹰"在月球静海西南角着陆。7月21日格林尼治时间2时56分阿姆斯特朗向月面迈出第一步时说："对一个人来说，这是一小步。对人类来说，这是巨大的一步。"19分钟后，奥尔德林也踏上月面。他们在月球上安放科学实验装置，拍摄月面照片，搜集到22千克月球岩石和土壤样品。在月球表面共停留21小时36分，然后自月面起飞，在环月轨道上与指挥舱会合，返回地球。曾获美国自由勋章、美国国家航空航天局卓越服务奖章和国际航空联合会金质奖章。

[十二、戴文赛]

戴文赛 (1911～1979)，中国天文学家。福建漳州人。卒于南京。1937年留学英国剑桥大学，1940年以《特殊恒星光谱的分光光度研究》一组论文获博士学位，1941年回国。曾任中央研究院天文研究所研究员，燕京大学、北京大学、南京大学教授，南京大学天文系主任。

当选为中国天文学会第一、二、三届理事会副理事长。在多年教育工作中，他主持和编写过多种教材，指导青年教师的教学和科学研究工作，为培养中国天文人才作出了重大贡献。他十分重视科学普及工作，撰写过许多科普文章，经常指导天文爱好者的活动。在恒星和星系方面发表过《星系的质量和角动量的分析》等多篇论文，编著有《恒星天文学》(1965)。20世纪60年代初，提出了"宇观"概念。后期，则侧重于天体演化学的研究，著有《天体的演化》(1977)。晚年对太阳系起源问题作了较全面、系统的研究，提出了一种新星云说。他的《太阳系演化学》(1979)一书是有关

戴文赛

这一问题的总结性著作。他还主编《天文学教程》（1961）、《天体物理学方法》(1962) 和《英汉天文学词汇》(1974) 等书。

［十三、张钰哲］

张钰哲

张钰哲 (1902～1986)，中国天文学家。生于福建闽侯，卒于江苏南京。1919 年考入清华学堂。1923 年赴美，先后就读于康奈尔大学和芝加哥大学。1928 年发现 1125 号小行星，命名为"中华"。1929 年以论文《关于双星轨道极轴指向在空间的分布》获博士学位。1929 年秋回国，任中央大学物理系教授。1941 年起任中央研究院天文研究所所长。1946～1948 年再度赴美进行交食双星光谱研究。中华人民共和国成立后，任中国科学院紫金山天文台台长直至 1984 年。1955 年当选中国科学院学部委员（院士）。连续当选为一至四届中国天文学会理事会理事长。

张钰哲长期致力于小行星、彗星的观测和轨道计算工作。1958 年开展用光电测光方法测定小行星光变周期工作。他和他所领导的行星研究室观测到了 9300 多次小行星的位置，陆续发现 100 多颗星历表上没有编号的小行星和以"紫金山"命名的 3 颗新彗星。为表彰他在天文学上的贡献，1978 年 8 月的《国际小行星通报》公布，新编号的 2051 号小行星定名为"张"——(2051)Chang。张钰哲的著述甚多，主要有《变化小行星的光电测光》、《造父变星仙后座 CZ 的研究》、《哈雷彗星轨道的演化趋势和它的古代历史》等 20 多篇。

[十四、王绶琯]

王绶琯 (1923 ~)，中国射电天文学家。

生于福建福州。1943 年在重庆毕业于马尾海军学校。
1945 年赴英国皇家海军学校留学，主修造船。1950 年改
攻天文，进入伦敦大学天文台进行研究工作，1953 年回国。
先后任中国科学院紫金山天文台副研究员，中国科学院
北京天文台研究员 (1979)、台长 (1979 ~ 1987)，中国科
学院数理学部副主任 (1981 ~ 1993)、主任 (1994 ~ 1996)。
1980 年当选为中国科学院学部委员（院士）。曾任中国
天文学会理事长 (1985 ~ 1989)、中国天文学会名誉理事长 (1989)。

王绶琯

回国后，王绶琯在紫金山天文台参加恢复天体物理观测工作，在上海徐家汇
观象台负责提高授时精度的任务。1958 年，参加北京天文台筹建工作。主持建成
太阳米波多天线干涉仪 (1967)、分米波复合干涉仪 (1974)、综合孔径射电望远镜
(1984)。20 世纪 90 年代，他与苏定强等共创大天区面积多目标光纤光谱望远镜的
初步方案，又提出并推进脉冲星实测研究项目。为创建中国射电天文研究等方面
作出贡献，是中国现代天体物理学的奠基者之一。1985 年获国家科学技术进步奖
二等奖。1996 年获何梁何利基金科学与技术进步奖。

[十五、杨利伟]

杨利伟 (1965 ~)，中国载人飞船工程首飞航天员。一级飞行员。

生于辽宁绥中。1983 年 6 月参加中国人民解放军。1987 年毕业于空军第八
飞行学院。历任空军航空兵某师飞行员、中队长。驾驶过歼击机、强击机等机

杨利伟

型，安全飞行 1350 小时。1996 年 8 月参加航天员选拔，1998 年 1 月正式成为中国首批预备航天员。经过 5 年多的训练，以优异的成绩通过航天员综合考核，被选拔为中国载人航天首次飞行梯队成员，最终被确定为首飞航天员。2003 年 10 月 15 日 9 时，乘坐"神舟"5 号载人飞船进入太空，经过 21 个小时的太空飞行，绕地球 14 圈后，于 10 月 16 日 6 时 25 分安全返回地面，自主出舱，成为中国进入太空的第一人。同年 11 月 7 日，被中共中央、国务院、中央军委授予"航天英雄"荣誉称号，并颁发"航天功勋"奖章。2008 年 7 月被授予少将军衔。